学术伦理

及其规制研究

龙红霞 ◎ 著

西南师范大学出版社

国家一级出版社 全国百佳图书出版单位

图书在版编目(CIP)数据

学术伦理及其规制研究 / 龙红霞著. -- 重庆：西南师范大学出版社，2016.12
ISBN 978-7-5621-8320-4

Ⅰ. ①学… Ⅱ. ①龙… Ⅲ. ①学术研究—道德规范—研究 Ⅳ. ①G30

中国版本图书馆 CIP 数据核字(2016)第 261953 号

学术伦理及其规制研究

龙红霞　著

责任编辑:鲁　艺
书籍设计:尚品视觉CASTALY 周　娟　尹　恒
排　　版:重庆大雅数码印刷有限公司
出版发行:西南师范大学出版社
　　　　　地址:重庆市北碚区天生路 1 号
　　　　　邮编:400715　市场营销部电话:023-68868624
　　　　　http://www.xscbs.com
经　　销:全国新华书店
印　　刷:重庆紫石东南印务有限公司
开　　本:720mm×1030mm　1/16
印　　张:10.25
字　　数:190 千字
版　　次:2017 年 6 月　第 1 版
印　　次:2017 年 6 月　第 1 次印刷
书　　号:ISBN 978-7-5621-8320-4

定　　价:38.00 元

MULU 目录

导　论 ……………………………………………………………… 1

一、研究缘起 ………………………………………………… 3

二、研究的设计 ……………………………………………… 7

第一章　学术不端治理路径的反思 …………………………… 25

一、学术不端治理路径的回顾与困惑 …………………… 27

二、学术不端治理路径的新视角：学术伦理规制 ……… 30

三、学术伦理的理论阐释 ………………………………… 31

第二章　学术伦理的现状调查及结果审视 …………………… 39

一、学术伦理的现状调查：学术伦理失范 ……………… 41

二、学术伦理失范的表现：学术不端 …………………… 44

三、学术伦理失范的原因审查 …………………………… 50

第三章　学术伦理规制的价值依据及目标结构 ……………… 57

一、学术伦理规制内涵 …………………………………… 59

二、学术伦理规制的价值依据 …………………………… 71

三、学术伦理规制的目标结构 …………………………… 84

第四章　学术伦理规制的对象及主体 ………………………… 87

一、学术伦理关系的特点 ………………………………… 89

二、学术伦理规制的对象——学术活动主体 ·············· 93

三、学术伦理规制的主体阐释 ························· 105

第五章　学术伦理规制的实施 ······················· 111

一、价值维度的建构:学术伦理价值观的培育 ·············· 113

二、制度维度的建构:学术伦理制度化 ·················· 119

三、组织维度的建构:组织机构建设 ··················· 131

四、利益维度的建构:关系主体的利益调控 ·············· 138

结　语 ··· 143

参考文献 ··· 147

导　论

　　毋庸置疑,道德作为人类特有的现象之一,是以正邪善恶、是非对错等道德概念对社会现象加以评判并指导自我的行动。伦理作为道德规范的内在价值依据和判断标准,对它的研究无疑是通向人类自我理解的一个重要渠道。学术研究活动作为社会活动的一个重要的构成,与现代生活的联系愈加密切,学术的追求在于求真,揭示现象背后的规律,带领人类走向更好的生活。学术的"求真"与伦理的"向善"有着内在的统一性,"求真"是为了更好地"向善","向善"则可以更好地实现"求真"。学术的发展推动、影响着道德的进步,学术研究者的道德修养以及学术的繁荣、发展也离不开学术道德规范的约束。加强学术研究的伦理秩序,强化学术伦理对学术行为、学术道德建设的影响和指导,是学术不端治理的一种崭新的思路和视角。

一、研究缘起

梁启超在《中国近三百年学术史》一书中说过:凡研究一个时代思潮,必须把前头的时代略为认清,才能知道那来龙去脉。[①] 对于学术伦理、学术伦理规制的研究起因于学术研究领域的不端行为,学术不端导致学术道德失范,学术道德失范产生学术伦理问题。研究的缘起基于以下学术不端及危害问题。

(一)学术不端现象频出

自 20 世纪 70 年代末恢复高考制度起,学术研究领域迎来春天,几十年来,我国学术研究获得了极大的发展,取得很多成果,但随之而来的学术不端、学术腐败行为也成为学术界关注的一个焦点问题。其越演越烈之势,引起包括学术界在内的社会各界的广泛关注。学术不端行为偏离学术研究的本真,极大地影响着学术的健康发展和学术创新。学术不端问题早在 20 世纪 80 年代就初露端倪,只不过当时没有引起人们的重视,到 90 年代中后期大规模爆发并严重影响正常的学术研究,阻碍了学术创新,才引起学术界、社会的关注和反思。面对学术失范,人们的第一反应是打击学术腐败,进行学术规范建设。其表现为一些杂志社、会议推行学术规范的讨论,弘扬学术道德,媒体大量曝光学术不端行为。一些专著诸如 1999 年出版的《丑陋的学术人》、2001 年出版的《中国学术腐败批判》等被誉为"学术打假专著";一些专门推行学术规范讨论以促进学术道德建立的学术网站也建立起来,这里有著名的杨玉圣教授创建的学术批评网;出现了"学术打假斗士"方舟子;等等。正如当时有学者所言:"学风问题,已经成为学术界最重要的问题,不纯洁的学风如同一剂强烈的腐蚀剂,正在腐蚀着一切正在发展中的学术生命。"[②]学术不端行为给学术界、学术研究带来极大的危害,严重地影响学术研究的方向,让学术偏离了求真、追善的本质,也使其失去创新的本真。

(二)学术市场化,学者商业化

学术不端行为对科研队伍带来了极大的冲击,首先表现为学术研究者对学术规则的不遵守和学术道德价值的破坏,从而弱化人们从事探究的学术精神。尤其是当学术不端行为增多而没有受到相应的处罚时,会在某种程度上危害真正献身于学术的研究者,干扰他们的行为,破坏他们前行的信念。同时,学术不端行为扰乱学术资

---

① 梁启超.中国近三百年学术史:新校本[M].北京:商务印书馆,2011.
② 杨玉圣.学术腐败、学术规范与学术伦理——关于高校学术道德建设的若干问题[J].社会科学论坛,2002(6).

源分配和学术地位评定,破坏良性的学术研究环境,导致学术研究生态、学术资源分配的失衡。通过伪造、篡改、剽窃等不端行为获取成果会误导同行,动摇他人的学术诚信信念。"一个单位和学术团体依靠好的学风形成凝聚力,从而促进科研事业进展和繁荣,不良学风即使个别存在,也会对整体学风形成一定内耗。"①如今,学术研究中的金钱价值导向越发明显,精神追求、精神享受等价值形态中的因素日渐退化为物质刺激。原本属于荣誉性奖励的学术行为主要体现于金钱上,很多大学、科研机构中的科研奖励成为收入的重要来源,科研成果成为获取金钱的重要途径,金钱化的科研奖励机制会导致学术研究在某种程度上对学术的偏离,异化学术动机。"即由于了为了正当的目的而做出发现,变为仅以获得发现所能带来的金钱为目的。"②2003 年诺贝尔化学奖获得者是美国的化学家彼得·阿格雷,其所在学校霍普金斯大学给予他的奖励是一个专用的停车位,看起来似乎是吝啬但恰恰是让知识和学术保持原本面目,在这里创造和探索是学术本来的意义而非获取现实物质收益的手段。"金钱挂帅"为指导、"悬赏政策"的刺激性奖励催生出越来越多的"学术大款""SCI 百万富翁",这必然会刺激学术研究者,导致其心浮气躁、动机不纯。学术成果出现高产量、低质量;多垃圾、少精品;多欲望、少兴趣;多人才、少大师。不端行为逐渐从个体演变成群体行为,最终腐蚀整个学术研究队伍,极大地影响学术研究和科研队伍建设,损害整个学术研究团体的发展。

(三)解构学术本质,扰乱学术秩序

"学术乃天下之利器",学术的本质是求真探善、探索真理、发现真理,为人类的生存发展指明路向,诚如亚里士多德所言:"探索哲理只是为想脱出愚蠢,显然,他们为求知而从事学术,并无任何实用的目的。"③当学术研究本身不是目标而是博取功名或利益的敲门砖时,必然会导致学术行为的聚焦点转离学问研究本身,从而使得研究离开学术,在价值形态上予以解构。学术不端行为敲击着学者的"为天地立心,为生民立命,为往圣继绝学,为万世开太平"的学者理想。当下浮躁、功利的社会风气也消解了学者不畏清贫、甘于寂寞的研究心理,使学者忘记了自己身兼的历史使命,难以自觉地做好学术传承与学术探究、创新活动,促使学术研究成为手段、工具。导致学术研究偏离原点的因素有很多,归结起来有中国固有的历史传统的影响,也是当下特有社会现状的产物。两者的结合点是实用主义、功利主义等思想的作祟。我国的学术传统自古以来就是以"经世致用"为目标的,古之学人的个人理想是"修身齐家治国平

---

① 曾天山.高校教育科研中的法律和伦理问题[J].高等教育研究,2007(6).

② [美]伯纳德·巴伯.科学与社会秩序(第五章 美国社会中科学的社会组织)[EB/OL].http://www.xiexingcun.com/Academic/kxyshzx/009.htm.2010-09-15.

③ [古希腊]亚里士多德.形而上学[M].苗力田译.北京:中国人民大学出版社,2003.

天下"，学习的最好出路是"学而优则仕"，做官入仕是学习的最高目标，是实现自我价值之所在。清华大学教授李伯重所说："治学为现实服务，这是中国古代知识分子的优良传统，但是这种以实用为目的的治学态度与学术本身的特点二者之间，却有颇大的距离。"①这种"经世致用"的目标昭示着学术的手段作用、工具价值，在某种程度上是对学术研究的一种偏离，这一点跟国外的学术研究有着很大的不同。"西方知识分子的传统是单纯地追寻知识，即'为学术而学术'；而中国知识分子的传统是'学以致用'，即用所学来'经世济民'。"②这种"实用"的工具价值的学术目的观可导致：要么发扬传统精华来服务于社会、推动社会发展和进步，要么仅仅是用学术来博取功名利禄，"过时则抛之而已"。这种根基"不纯"的学术传统在当前的社会环境冲击之下越发显得复杂，表现为学术价值观的错位、学术不端行为的泛滥。梁启超认为："就纯粹的学者之见地论之，只当问成为学不成为学，不必问有用与无用，非如此则学问不能独立，不能发达。"③实用主义者紧紧遵循"有用即真理"原则，在这种学术价值观指导下的学术研究把"致用"置于首位，凌驾于"求真""求知"之上，学术不断向庸俗化、工具化、动机不纯的方向偏离。就如詹姆斯所说："实用主义的方法，不是什么特别的结果，只不过是一种确定方向的态度。这个态度不是去看最先的事物、原则、范畴和假定是必需的东西，而是去看最后的事物、收获、效果和事实。"④甚至"真理"等位于"有用"，"它是有用的，因为'它是真的'；或者说'它是真的，因为它是有用的'，这两句话的意思是一样的"⑤。而在功利主义指导下学术研究更是成为获取利欲的物质手段，遵循的是功利主义的"趋利避害"的价值内核，"实际功利"是学术研究的根基、最后归宿和价值旨向，学术成为求利、求权和求名的工具，个人私利的最大实现和满足是学术研究的动机和准则。不管是实用主义还是功利主义都使学术陷入世俗化、回避学术精神，扼杀学术正义，也必然阻碍学术创新，使学术研究失去发展的动力。学术探究是一项艰巨的事业，而抱以这种学术价值观的学术人自然也失去了献身学术的动力和勇气，学术研究也往往是走马观花、浅尝辄止，难以真正地去发现真理、追求真理。

(四)重创学术创新根基

"钱学森之问"引发了人们长久的反思，为什么我们的学校培养不出创新型人才？这样的质疑不应该仅仅针对学校，也不应只是针对教育机构而言的，这种窘状有着复

---

① 李伯重.论学术与学术标准[J].社会科学论坛,2005(3).
② 李伯重.论学术与学术标准[J].社会科学论坛,2005(3).
③ 梁启超.梁启超论清学史二种[M].朱维铮校注.上海：复旦大学出版社,1985.
④ [美]詹姆斯.实用主义[M].陈小珍编译.北京：北京出版社,2012.
⑤ [美]詹姆斯.实用主义[M].陈小珍编译.北京：北京出版社,2012.

杂的背景和深层次的原因。学术发展推动学术创新,这是创新型人才培养的原动力和辐射源,学术道德失范严重抑制了包括高校在内的科研机构的创造力。其负面作用会传染社会的各个方面尤其是高校的学生,这些学生有的会走向研究、教育工作等实践领域。教师工作是一项创造性的工作,"教书匠的工作是追寻、累积与传授知识",即使是"教书匠"也需要做思考、创造性工作,"一批专业教书的'教书匠',他们与木匠、石匠一样构成专业团体。一大群教书匠联合为一家大学,以传授知识为职业。知识是会增长的,于是教书匠也必须兼办专业研究。"①而学术腐败、学术不端行为遏制创新能力,这正是学术、创新型人才培养难以突破的瓶颈。最终会抑制整个教育领域甚至是整个国家、民族的创新能力的提高和创造力的培养。学术不端行为的一个明显表现就是低水平重复。低水平重复会严重遏制学术发展,导致学术创造动力不足。低水平重复实质就是一种抄袭的变种,其最大的危害就是无法创新,也无能力创新。把别人的研究结果、观点、结论换种说法据为己有或者将自己以前取得的研究成果稍加变动,当成新的研究成果继续出版、发表。"据《中华读书报》报道,八十年代以来,我国出版的各种版本的马克思主义哲学教材已超过 300 种,这数百种教材,出自不同的编者之手,由不同的出版社出版,书名也不尽相同,但编写内容、体系设计、章节顺序、原理以及具体的例子,都大同小异,其中至少有三分之二内容没有超出中国人民大学教授李秀林等主编的《辩证唯物主义和历史唯物主义原理》的范围和水平。"②这显然与学术研究的发现新的理论、规律、方法之目的相背离,也无法实现学术研究的创造与创新实质,更抑制了人的潜能的充分发挥,导致国家科研在国际竞争中也长期处于弱势。同时,由于学术精神生产实践衍生出能获取名誉、奖励、金钱、地位等功利特性,促使大量的学术"垃圾"产生。一些急功近利者盲目追求数量不求质量,研究浅尝辄止,短短一年可以发数十篇论文。"2008 世界大学学术排名 500 强"榜单显示,"北京大学、清华大学、浙江大学、上海交通大学等都排在 201 至 302 的组别里,未能进入世界一流大学之列。研究人员发现这些国内名校排名靠后的主要原因是,虽然学术产出规模很大,但高质量论文比例较低,并缺乏国际级学术大师和重大原创成果。"③几年时间就可以诞生"专家""教授"等,一系列"快餐学术作品"飞快出炉,抄袭、拼凑、重复,自己看不懂别人也不明白,没有任何学术含量和学术价值的现象屡屡出现。这些学术不端行为必然会遏制思维能力的发展和学术水平的提高,阻碍学术研究朝向纵深处前进。

---

① 许倬云.中国文化的发展过程[M].香港:香港中文大学出版社,1992.
② 杨玉圣.为了中国学术共同体的尊严——学术腐败问题答问录[J].社会科学论坛,2001(10).
③ 黄辛.世界大学学术排名 500 强公布[EB/OL].http://www.sciencenet.cn/htmlnews/2008/8/210249.html.2013-08-31.

针对学术不端行为,一系列的道德规则和法律、制度等治理手段纷纷出台,这些努力对治理学术不端行为起着一定的作用,但未能有效地遏制学术不端行为,未能有效地激发学术人的创新意识和激情以及实现学术人从"他律"到"自律"的转向。此现象唤起人们改变思考问题的角度和方向,集中于一些深层次的原因追析,探索学术活动中更为深层次和本源性的东西,即学术伦理。现代化境遇下,伦理早已经跃出了仅局限于人伦之理的秩序、价值、规范范畴。影视伦理、生命伦理、企业伦理、金融伦理、教学伦理等纷纷出现并成为研究的重要主题。伦理已是当今社会一个重要的话题,引起社会各界的广泛关注,学术伦理也必定成为学术研究和发展中的一个避免不了的主题。

二、研究的设计

(一)研究回溯:从学术规范、学术道德到学术伦理的探究

1.学术伦理研究的历史回顾

从国内外对学术伦理的研究文献梳理来看,均没有专门的、集中性的关于学术伦理的论述,且两者对学术伦理的关注总是沿着从外围相关领域的研究(比如学术诚信、学术责任、学术不端等学术失范行为)到内核分析的路向,两者具有相同的研究轨迹。基于此,本研究不再分开梳理,把国内外有关学术伦理的研究一起进行综述,从两方面入手:学术伦理研究的历史轨迹和有关学术伦理研究的主要内容。

(1)关于学术伦理研究的源起如上所言,对学术伦理进行专门性的、集中的、单独为对象的研究稀少,但不能说学术界未有过对学术伦理这个问题的研究。学术伦理的研究并不是无源之水、无本之木,可以从大量的与之相关的研究中找到其踪迹。其研究的轨迹一般沿着从外围探索到内核分析的路线,从学术不端等学术道德失范行为到对学术研究活动遵循的精神内核价值规范、行为标准等关涉学术伦理价值观的关注。即学术伦理的研究始于学术不端等学术失范行为,且最初学术伦理往往和学术道德、学术道德规范等连在一起,之间边界不明。我国 20 世纪 50 年代到 70 年代是学术凋零的时代,可以说没有真正的学术研究也就无所谓学术不端、学术诚信或者学术腐败等学术道德问题。本研究以 20 世纪 80 年代以来的学术不端等学术违规问题作为研究对象开始梳理。学术界对于学术违规等问题的定义范畴略有不同,名称也不统一,如科研不端、学术腐败、科研诚信、学术不端、学术道德失范等。本研究以"学术道德""学术道德失范"和"学术伦理""伦理规制"为关键词进行文献梳理,发现关于"学术道德""学术道德失范"的文献较多,有一千多篇。最早与学术道德问题有

关的文章是 1980 年出现在《数学研究与评论》上的一篇《一个需要引起注意的问题——学术道德问题》,初露学术道德问题端倪,从 20 世纪 90 年代后期起愈演愈烈,文献有逐年增多的趋势,学术伦理的研究夹杂在内。

(2)关于学术伦理研究的发展轨迹笔者在对国外有关学术伦理的文献梳理中,发现学术研究者也没有把学术伦理作为一个单独的、集中的、专门的研究对象来进行研究。没有发现专门的研究学术伦理的专著或者硕博论文,很多是夹杂在其他诸如科技伦理、生命伦理等领域或计算机伦理等研究中。美国学者 Margaret Anne Pierce,John W. Henry 在其论一文中论述了关于计算机应用的伦理问题。以学术伦理(academic ethics)为题进行搜索,往往与科技伦理或者研究伦理(research ethics)联系在一起,即在将人或者自然对象、动物作为实验对象进行研究过程中的伦理问题。或者被称作学术诚信(academic integrity)①,侧重于学术伦理内容的界定和描述。如有美国学者 James Q. Wilson 早在 1984 年就论述了学术伦理要求的基本内容:学术创新、学术责任、学术自由等。② 针对这种现象美国学者 Sara R. Jordan 在仔细分析了学术伦理是什么,与学术诚信、学术不端的区别在哪里,这种不加区分的现象对学术研究会产生什么样的影响。③ 随着学术道德失范的现象增多及越发严重之势,关于学术伦理研究的文章日趋增多、不断深入。从学术伦理的研究轨迹来看,一般从学术规范到学术道德规范,再到学术研究需遵循的价值规范、行为标准等学术伦理层面。即在学术伦理研究的轨迹中,可以看出其慢慢从外围的关注到内核实质性的分析之中,从学术规范到学术道德规范,再到学术伦理,下面逐一论述。

首先,从学术规范到学术道德规范,国外资料表明其对学术伦理的关注远远早于我国。早在 19 世纪 30 年代,英国就有学者开始关注科研中一些不实行为,随着科技的不断发展,一些科研基金的资助机构则对科研者的道德品性、职业操守以及研究中的伦理问题予以关注并提出要求,建立规则。一些著名的研究型大学诸如美国的哈佛大学、斯坦福大学等很早就制定了遵守学术诚信的制度和规范。关于我国改革开放后的学术规范、学术道德规范问题研究,参照余三定等学者④的观点,本研究认为可以划分为两个阶段:2002 年国家教育部印发《关于加强学术道德建设的若干意见》以前和 2002 年迄今。20 世纪 80 年代曾有学者呼吁注意学术研究

① N. H. Steneck. Fostering integrity in research: definitions, current knowledge and future directions [J]. Science and Engineering Ethics, 2006(12).

② James Q. Wilson. The academic ethic: I Partisanship, judgement and the academic ethic. [J]. Minerva, 1984(2).

③ Sara R. Jordan. Conceptual Clarification and the Task of Improving Research on Academic Ethics[J]. J Acad Ethics, 2013(11).

④ 余三定. 新时期学术规范讨论的历时性评述[J]. 新华文摘, 2005(6);杜金玉. 学术道德问题讨论综述[J]. 上海教育科研,2009(12).

中的道德问题，1982 年《数学研究与评论》杂志上刊登一篇题为《一个需要引起注意的问题——学术道德问题》的文章，初露学术道德问题端倪，90 年代后期起愈演愈烈。学术规范问题的关注是学术道德问题的直接产物，前一阶段讨论主要是围绕着学术规范化展开的。90 年代最初探讨学术规范问题的文章一般认为 1991 年《学人》主编陈平原的《学术史研究随想》和中国社会科学院研究员蒋寅的《学术史研究与学术规范化》，这两篇文章明确提到学术规范的问题①，并都以史学研究道德为切入点。1993 年《中国书评》杂志社的创刊为此后学术规范大规模的讨论奠定基础。1994 年《中国书评》主编邓正来发表了 20 多篇关于讨论学术规范的文章。本年 11 月《中国社会科学季刊》暨《中国书评》编委会率先在北京召开了题为"社会科学的规范化与本土化"的专题研讨会。1994 年底，该编委会又与北京三联书店联合举行了题为"社会科学在中国的进一步发展"学术座谈会。1998 年 9 月，旨为"遵循学术规范，加强学风建设，发展世界史学科"的由钱穆教授发起的"世界史学术规范会议"在南京召开。此阶段着重于从规范建设的角度遏制学术不端行为，其认为学术不端行为的产生是源于规范处于真空状态，学术主体的行为因缺少规范的制约而失范，从外围的角度探视学术不轨的原因。其研究内容主要集中在学术规范的内涵讨论、学术界如何建立和遵守学术规范。

其次，从学术道德规范到学术伦理，渐渐地有一些学者意识到，学术不端行为诚然与外部的环境、制度规范有关，但学者们自身的学术道德修养、学术求真的科学精神缺乏或者不足才是导致学术不端真正的元凶，自身底气不足背离了学术精神的原则。所以研究从规范、规则出发进一步走到学术道德伦理层面。1995 年《安徽史学》杂志第 4 期连续发表 4 篇文章②，从史学研究的角度阐述学术道德的概念及其影响因素。同时，《光明日报》《文汇报》《社会科学报》《中华读书报》《中国青年报》《中国社会科学》《历史研究》《学术界》《江苏社会科学》《自然辩证法通讯》和《世界历史》等报刊发表了大量的讨论文章，把学术道德等讨论推向了高潮，引起很大的反响。1999 年，几百个全国性学会和科技期刊签署《全国性学会科技期刊道德公约》，着力建构学术道德规范，清除偷、抄、编、造等不良学术现象。1999 年，《中国社会科学》《历史研究》编辑部在北京召开主题为"学术对话与学术规范"的讨论会，把学术道德和学风问题的讨论推向一个新的台阶。此阶段的研究内容主要集中在对于学术道德规范越轨的现象做了一定程度的批评和揭露，并对学术不良现象做了一定程度的分析和归因。

① 杨玉圣.九十年代中国的一大学案——学术规范讨论备忘录[J].河北经贸大学学报,1998(5).
② 蒋国保.我所理解的学术道德[J].安徽史学,1995(4);钱念孙.从"史德"到"史心"[J].安徽史学,1995(4);水天.学术道德的当代性[J].安徽史学,1995(4);蕭大中.学术道德与社会文化环境[J].安徽史学,1995(4).

2002 年之后,关于学术道德的研究向纵深方向发展,在横向方面有对研究生学术道德、教师学术道德、教育研究者、科研机关研究者等学术道德的研究;在内容上有对学术道德问题出现的原因分析、学术道德问题的类型分析、学术道德问题解决的策略研究、学术道德建设等。

这种外围的对治理学术不端方式的探索似乎是在对一个本质性的东西的回避,即学者自身的学术伦理价值观问题或者是把学术不端的治理的责任推向"他者"而忽视了一些内在东西的建构。学术研究是以学术人为主的一种脑力劳动、创造性活动,学术主体自身"何为"的认知和审视是彰显学术本质、提高学术创新的主要因素。外在制度、法律法规对于一些隐秘性的学术不端行为往往无能为力,也无法解决学术创新等问题。所以对于学术失范的探究逐渐进入内核的分析:学术伦理。关于学术伦理的探究我国古代也不乏存在,并非空想或不切实际之幻想。我国古代也一向强调实事求是的学习态度,做学问就应像做人那样谦虚、谨慎、求实。《论语·为政》中孔子总是这样告诫他的学生:"知之为知之,不知为不知,是知也。"王国维在《人间词话》中说:"古今之成大事业、大学问者,必经过三种之境界:'昨夜西风凋碧树。独上高楼,望尽天涯路。'此第一境也。'衣带渐宽终不悔,为伊消得人憔悴。'此第二境也。'众里寻他千百度,蓦然回首,那人却在,灯火阑珊处',此第三境也。"[①]做学问要执着、坚韧、耐得住寂寞方能求得真知、发现真理、获取成功。王国维先生也曾犀利地批判:"今之人士之大半,殆舍官以外无他好焉。其表面之嗜好集中于官之一途,而其里面之意义,则今日道德、学问、实业皆无价值之证据也。夫至道德、学问、实业等皆无价值,而惟官有价值,则国势之危险何如矣。"[②]学术研究也要真实体悟,需有所感而发。学术大师顾颉刚在致友人祝瑞开的一封信中云:"本年三反、五反、思想改造三种运动,刚无不参与,而皆未真有所会悟。所以然者,每一运动皆过于紧张迫促,无从容思考之余地。刚以前作《〈古史辨〉自序》,是任北大助教六年,慢慢读、慢慢想而得到的。因为有些内容,所以发生了二十余年的影响。今马列主义之精深博大,超过我《古史辨》工作时限,而工作同志要人一下就搞通,以刚之愚,实不知其可……若不经渐悟之阶段而要人顿悟,所谓'放下屠刀,立地成佛',此实欺人之语耳。"[③]其中提到的实事求是的科学精神和不断探索的理性态度正好契合当今"学术伦理"的精神旨意。

学术伦理的研究因学术不端而进入研究者的视野,沿着学术道德而来,所以对学术伦理的解读往往与学术道德连在一起,很多时候两者混同。比如著名教授杨玉圣

---

① 王国维.人间词话[M].上海:上海古籍出版社,2009.
② 王国维.王国维遗书(第 3 卷)[M].上海:上海古籍出版社,1983.
③ 顾潮.顾颉刚年谱[M].北京:中华书局,2011.

认为:"所谓学术伦理,就是学术共同体内形成的学术研究的基本道德规范,举其要者,如充分遵守前人和他人的学术成果,通过注释、征引等,在有序的继承和创新中推进学术。"①随着对学术失范行为策略研究的发展,对学术伦理的认识逐步与学术道德剥离开来并不断得到深化。对于学术不端行为有学者认为,那些导致学术不端的因素中,主要在于一些学术不端者没有将相应的伦理道德规范和原则内化为自身的内在需要,从而养成自觉遵守的意识,他们建筑在伦理道德规范上的价值平台处于摇晃状态,使他们在学术研究过程中缺少伦理智慧,缺少学术伦理的规范和指引。即没有厘清楚"何为学术人"或"学术人何为"的问题,对于学术人,什么该做、什么不该做,缺少一个标准。这个标准是指导学术研究实践的内在依据,也是学术道德规范背后之"道"。这个"标准""道"就是学术伦理,伦理是道德哲学,是从哲学层面对道德规则制订的标准和行为进行评判的依据,是学术人行为指导的哲学层面的要求和标准。"学人之所以为学人,是有一个学术规范的,什么应该做、什么不该做有一个标准。这个标准也是规范,但不是操作层面的规则,而是一种'深层哲学'。"②

2.关于学术伦理研究的主要内容

首先,关于学术伦理的概念解读。在文献梳理中发现学术伦理的概念往往和学术道德搅和在一起,并且对于学术道德的研究多过于学术伦理。通过文献的梳理,研究者为了更好地阐释学术道德问题,首先对于什么是学术道德做了一个较为详细的解读,概括起来包括以下几个方面:第一,学术道德是学术界里的一系列道德准则,是针对学术研究者而言的,其作用是保证学术事业健康发展,提高学术创新能力和水平,促进学术繁荣。比如,有学者认为:"学术道德,作为学界为保证学术事业健康发展而约定俗成的普遍道德准则,它实际上体现了学者这个群体特殊的生命境界。"③这种观点充分揭示了学术道德的规范作用和社会作用,揭示了学术道德的社会联系,但这只是对事物的功能和作用方面做了规定,并没有对学术道德的概念进行定义。第二,学术道德是为学术人保持一种"为学术而学术"的独创性精神,"维护学术的自觉与学者的自尊",从而使"学术工作者保持内心的宁静"同时在特定(学术)领域提供的"规范和准则"。"学术道德保障学术自由之精神的发扬,一方面,学术道德使学术工作者保持内心的宁静,保持一种'为学术而学术'的独创性精神,防止社会功利的过分追求对学术自由精神的侵蚀,以至于丧失学术的自觉与学者的自尊;另一方面,学术道德为学术工作者在特定领域的学术活动提供了行为准则和规范,保障真理的探寻

① 杨玉圣.贵在自律——做学问应坚守学术伦理[J].学术界,2002(1).
② 段钢,王婷.思想、学术二十年[N].社会科学报,2002-05-23.
③ 蒋国保.我所理解的学术道德[J].安徽史学,1995(4).

和造福人类社会,学术道德是一种内在约束,同时它也表现为对于良好学术研究的预警和引导作用,保障学术研究使命的完成。"①此种观点涉及了道德的规范之特性以及从人的内在修养与道德的关系,在某些方面阐释了道德的一些属性,但它割裂了道德的社会属性。道德的主要特点是协调社会关系,道德总是处于一定社会关系中的道德,道德的本质是协调人与人、人与社会、人与自然的关系的行为规范和准则,其产生的基础是社会关系。第三,学术道德直接等同于某种职业或行业的道德规范,此种观点揭示了道德的规则、规范的基础性特征,但弱化了道德的丰富内涵。道德不仅仅是职业规范,不能简单等同于规范。道德具有规范性、约束性的本质含义,但规则、规范并不是为道德所专有。约束人的"规范"有很多,有学者认为法律也是一种最基本的、底线的约束,并把约束人的行为规范分为三层次,"'道德''规范'和'法律'则是规范科学研究行为的三个不同的道德层次"②。第四种观点从道德的内涵、从与社会相联系的角度解读了学术道德这一有着特定领域、特定的主体从事研究工作的过程中处理与他人、社会、自然关系时候应该遵循的原则和规范,如道德"是一定的社会或阶级依靠社会舆论、习惯传统、教育力量和人们的内心信念,调节人与人之间、个人与社会集体之间关系的行为准则和规范的总和。所以,学术道德就是指从事学术性研究活动的主体,在进行创造性研究活动的整个过程中,处理个人与他人、个人与社会、个人与自然之间的关系时所应遵循的原则和规范"③。这既具有"道德"的共性也具有"学术道德"的个性,还涉及了道德与学术人的内在修养关系,本研究认为此种解读比较好地说明了学术道德的丰富内涵。学术道德是社会道德中的一类,与社会道德是个性与共性的关系,同时也是种概念与属概念的关系,马克思主义认为"道德"是由一定的社会经济基础决定的社会意识形态。它是以是非、善恶、荣辱等观念为标准,通过社会舆论、内心信念和传统习惯来评价人们的行为,调节人与人之间以及个人与社会之间的原则和规范的总和。道德应该具有价值属性,同时也应具有一定的规范特性,并且这一切均是产生在一定的社会关系之中的,它的本质是在一定的价值引领之下,在约定俗成的习俗、传统习惯的规范下协调社会各种关系,本研究者认为此三种要素是理解道德与学术伦理的关键之所在。

随着研究的深入,对学术伦理的理解慢慢从学术道德过渡到其本身,如"所谓学术伦理,就是学术共同体内形成的学术研究的基本道德规范。举其要者,如充分遵守前人和他人的学术成果,通过注释、征引等,在有序的继承和创新中推进学术"④,此处

---

① 谢俊.论学术自由视野下的学术道德[J].高教探索,2008(6).

② 冯坚,王英萍,韩正文.科学研究的道德与规范[M].上海:上海交通大学出版社,2007.

③ 宋希仁.伦理学大词典[M].长春:吉林人民出版社,1989.

④ 杨玉圣.贵在自律——做学问应坚守学术伦理[J].学术界,2002(1).

学术伦理就等同于学术道德规范。学术伦理不仅仅体现为学术道德规范,有学者认为学术伦理作为伦理中的一个特殊领域,是伦理的一个下位概念,它具有伦理该有的特性,即学术伦理也是一种关系之理。"学术伦理作为一种伦理关系,表现为各利益主体(如学术人个人、学术研究机构、大学、社会)之间的价值对应关系,也是学术人围绕学术伦理关系进行的理性思考及其道德操作方式。"[①]后也有学者认为"西方文化的传入到底给 20 世纪中国哲学导致了何种'后果'? 这里所谓'后果',主要的还不是指哲学思想内容方面的变化,如有没有出现新的哲学观念等,而是指这些具体哲学思想和内容背后更为基础的东西,也即'学术伦理'"[②]。美国学者 J.Angelo Corlett 中认为"学术伦理"是关涉学术事业兴盛的一项事业,是从质化研究和量化分析提供对学术伦理问题研究的一个领域。[③]

学术伦理慢慢也从具体的学术道德规范、规则中脱离,强调学术伦理的伦理精神,走进学术伦理的内核价值观层面。"近现代中国哲学与中国传统学术的一个根本不同是出现了一种新的学术伦理:强调学术独立,学术不必依附于政治或伦理;并强调在学术研究中恪守'价值中立'的立场。"[④]国外涉及学术伦理价值观的研究颇多,伦理作为道德哲学,当一种新的技术或领域出现,对人类的生活秩序带来冲击和影响时,伦理需要对这些新的行为方式构建其相应行为的标准、原则和应遵守的价值观。美国福特汉姆大学的 Fisher 博士认为应在复杂的社会环境下讨论建立一套符合教育、职业要求等学术价值观的问题。[⑤]且如何就科学研究中的伦理行为进行评估也有着讨论,如 *Accountability in Research* 杂志 2003 年第 10 期上有一篇文章详细探讨了伦理行为的评估路径。[⑥]

其次,关于学术(伦理)行为失范的原因探索。关于学术行为失范的原因,一般认为学术行为失范主要受到整体外围环境的影响,如学者蒯大申在《学术道德与社会文化环境》一文中指出社会环境的影响是导致学术道德失范的主要因素。此种观点认为,学术道德失范问题的增多、学术道德某种程度上的堕落源自外部社会环境的影响,源自转型时期社会的"失范"。外界环境的异化导致学术界的异化,在市场经济利益最大化的影响下,一些学者心浮气躁、急功近利。过去长期信奉和坚持的诚实守信、重德知耻的优良传统受到冲击,人心浮躁,过多地追逐名利和荣耀而较少审视获

① 罗志敏.大学教师学术伦理水平的实证分析[J].高等工程教育研究,2011(4).
② 胡伟希.观念的选择:20世纪中国哲学与思想透析[M].昆明:云南人民出版社,2002.
③ J.Angelo Corlett. The Role of Philosophy in Academic Ethics[J]. J Acad Ethics,2014(12).
④ 胡伟希.观念的选择:20世纪中国哲学与思想透析[M].昆明:云南人民出版社,2002.
⑤ Celia B. Fisher. Developing a code of ethics for academics [J]. Science and Engineering Ethics,2003(09)
⑥ Whelton-Fauth. A new approach to assessing ethical conduct in scientific work [J]. Accountability in research,2003(10)

名得利的过程、手段和途径。美国印第安纳州工程学院学者 Supreet Saini 通过案例调查也得出影响学术伦理行为的因素有:校园文化、个人情感偏好以及外在的压力等。[①]

利益的驱使、功利主义是诱发学术腐败的重要动因。受到我国传统文化中根深蒂固的"学而优则仕"思想与社会政治、经济、文化转型带来的各种利己主义、个人主义、拜金崇富、享乐等思潮的影响,学术也成为一种追名逐利的工具,而不再是一片净土,也逐渐退却其闪耀的光环和其作为价值的本体意义的隐逸,学术真正目的淡出视野,让位于世俗的功利目的,价值旁落而催生学术道德失范、腐败。学者阎光才在《高校学术失范现象的动因与防范机制分析》和王崇文的《当前我国学术道德问题产生的原因及对策》中都分析认为这种功利的追逐不仅体现在研究者身上,有的研究机构本身被卷入其中,其本身没有狠抓学术道德的动力。许多高校的工作重心在上规模、上层次、追求速度制胜的发展模式上,但这需要一定学术成果的支撑。因此,一些高校采取多样手段促使本单位的学者多出科研成果,将职称、津贴、奖金及其他物质待遇与其科研成果挂钩,这就激发一些学者不惜牺牲良知、弄虚作假、大肆抄袭剽窃,走"短、平、快"的学术道路;在学术上,无法安安静静地读书、一丝不苟地科研、老老实实地做实验、踏踏实实地写文章;同时学习形式化、观察表层化、思考片面化、写作毛躁化、结论简单化、目标短期化,学术界人心浮躁。

制度的问题。制度是事物有序可循的依据,制度的缺乏或者不完善是学术道德失范滋生的土壤,学者罗群英的《高校教师学术道德失范问题研究》和郝俊杰的《高校学术道德失范的原因透析及防治策略》认为在学术道德建设中制度问题也是导致学术道德失范的一个因素。在管理制度上,"官本位"昭示着行政对学术界的干预,长官意志限制了科学民主管理、学术自由和学者的自主意识、责任意识。政府管理取代科学共同体的自我约束与科学家的民主管理,对科学研究也会产生一定的负面影响;在考核评价制度上,评价指标单一容易导致急功近利的政策环境,同行评议容易受到政策干预且由于同行之间利益关系的存在,在评价上容易产生道德问题;在监督机制方面,不当行为缺乏有效的监督和约束且失范行为事后得不到相应的惩处而加速不当行为的产生;诚信问题只是存在观念没有上升到制度层次。

学术伦理规范教育的缺失。长期以来学术界过于强调一些外在刚性的指令性标准而忽视学术伦理教育,专门性的学术伦理教育几乎是一片空白。美国学者 John G.

---

① Supreet Saini. Academic Ethics at the Undergraduate Level: Case Study from the Formative Years of the Institute[J]. Journal of Academic Ethics,2013(11)

Bruhn 认为学术伦理价值观紊乱导致自我约束力降低,难以抵御利益诱惑。[①] 而学术行为失范的实质是学术人的学术伦理失范。"学术失范绝不仅仅包括学术捏造、篡改和剽窃,学术治理也绝不仅仅局限于处理几件学术违规事件,学术失范不仅是一种行为上的违规,更是一种对学术价值与追求的背离;不仅是一个学术人应有的个人品质的偏离,更是对学术共同体由此才能立足之根本以及社会为此支持之理由的背叛。换句话说,学术失范不单单是学术人在行为上和道德上背叛了学术的价值与追求,更多的是其对作为学术人应该遵循的价值规范亦即学术伦理的违犯。"[②]同时,他认为学术失范的根源不在外部,而在学者本身,在于少数学者的学术价值观偏离了正确的位置,从而引发了形形色色的学术不道德行为。而美国学者 Davis 等也认为学术人自身的道德品质诸如诚实、责任等也是导致学术失范行为的因素。[③] 因此,要想从根本上解决学术伦理失范现象,就必须彻底纠正学术价值观错位问题,加强学术伦理规范、价值观教育。

再次,关于学术伦理失范的治理路径。概括起来,进行学术伦理建设的路径包括以下几个方面:一是加强学术道德、制度建设,有学者提出应出台一部类似《中华人民共和国教师法》的学术法,构建一套专门防治学术伦理失范的法律体系,保证惩治学术违法行为有法可依。二是规范学术伦理管理体制,包括加强同行专家评审的力度,防止学术成果评价的"权力化";建立评审过程公开制度,即公示科研立项、成果鉴定、职称评定等评审对象的评审内容及初评结果,提高评审结果的公正性。三是建立学术评审责任制,探索建立评审专家信誉制度、记录追查制度和责任追究通报制度;还要建立一套科学的监控体制,对学术刊物也要列举在内。构建科学的学术评价机制,包括完善专家考评制度,对学术成果、科研立项、职称评审以及评奖等学术活动予以规制;健全学术成果的奖励制度和调节科研成果与教师职称评定的合理关系。制度建设方面有学者还提出创新学术不端查处机制,利用现代科技从技术上限制学术不端行为。健全对学术道德失范的监督体系,利用互联网等现代科技创建全国联网的监督网络,同时实施学术道德失范举报奖励制度和加大惩处力度,建立舆论曝光和警示制度。加强学术伦理规范教育。一些研究者认为尽管在学术过失和学术不端之间,存在一个模糊的灰色地带,但是,对于大学或研究机构而言,有责任对学者或学生提供必要的、尽可能清晰的技术规范教育,以及学术诚信教育。如美国 Donald L.Mc-

① John G.Bruhn.Value Dissonance and Ethics Failure in Academician Causal Connection? [J].Journal of academic Ethics,2008(3)

② 罗志敏.是"学术失范"还是"学术伦理失范":大学学术治理的困惑与启示[J].现代大学教育,2010(5).

③ M.S.Davis,M.L.Riske.Research Misconduct:an Inquiry Etiology and Stigma[R].Final Report Presented to the Office of Research Integrity.Amherst.OH:Justice Research & Advocacy,Inc.2002.

cable经过实证调查发现,学术诚信教育对于防范学术伦理失范行为意义很大,受过学术诚信教育的学生学术不诚信行为明显减小。学术不端行为该防患于未然,防范先于惩戒,防止因无知或大意而犯错。传统价值在面临失范而带来的危机情势下,学术规范和学术伦理教育甚至应该成为每个学术入门者和入职者的第一课。加强学术环境建设,从文化土壤、学术氛围入手让全社会养成尊重学术、敬畏学术的良好风气,让学术回归学术,让学术重回象牙塔。学术是学者在学术象牙塔进行的纯探索工作,从事学术研究的人是少数,"全民搞学术"的学术大跃进是不正常的,官学要分开,各司其职。美国学者也认为从造成学术行为失范的外在环境影响的角度来看,提出学术环境、校园文化建设也是解决学术伦理失范的途径。

加强学术研究者自身的学术伦理道德修为,学术问题建设需要他律,但更要与学术研究者的自律相结合,把依法治学与以德治学结合起来,否则再好的学术制度如果没有学者主体的严格自律,也不会有好的效果。因此应遵循伦理自律形成的规律,着力培育和提高教师主体的学术自律能力,这才是学术建设的治本之策,是消除学术不端行为的重要因素。这种自律是出对于学术研究的忠诚,其不仅包括研究者自身的严格自律,还要求对不端行为的大胆举报。这对于保持研究过程的诚实性,营造健康的研究环境有着至关重要的作用。

3.研究成果的分析

通过对文献的梳理,关于学术伦理的研究中,国内外从对学术不端到学术道德的研究取得了一定的成果,其对学术不端的起因和可能的解决方法展开探究,文章很多、硕果颇丰,对学术伦理建设积累了很多建设性的经验。但本研究认为在以下方面还有较大的研究空间,可做进一步的努力。首先,关于学术道德规范、规则的论述很多,自20世纪90年代以来国家教育部及相应的一些科研机构和高校均在制订、完善学术规则、规范,进行学术规范建设。但对这些规则、规范如何内化为学者内在的行为修养、形成相应的伦理习惯,并体现在学术研究的行动上缺乏深入研究。同时,也有研究者把问题解决的视角放在研究者主体非仅针对学术规范、制度本身。如顾海良老师在《学术规范与学术道德:他律与自律》中指出了规范与道德相结合的"他律""自律"的途径,但他的"自律"也仅是指研究者自我内在的道德修养,"他律"主要靠社会舆论、社会评价和同行批评而实现纠正和遏制学术行为失范。没有强调外在的道德规则、规范如何内化为学者的内在学术理念,从而体现于外在的行为,从而从内而外净化学术环境,促进学术发展和学术创新。其次,学术伦理研究没有渗透于学术研究的相关环节,学术伦理问题在学术研究的各个场域均可以产生,与参与其中的各个因素相连,比如相应的学术机构诸如研究机构、学术评价机构、学术期刊、学术基金管理机构以及相关人员等的学术道德、价值观问题。此类文献偏少且它们各自的责任和功能研究也不深入,单一的学术人的道德、规范研究定位掩盖了研究主体的多样性。且文献关于学术道德的主体、规范等分析较多,鲜见关于学术道德精神、原则等的探究。研究空间的窄化还表现在专题性的研究较少,比如学术历史的回顾与反思的历史研究、学术伦理失范的案例史、学术伦理规范建设史等。① 最后,基于前面两点分析,对于学术伦理研究而言前路还长,可以说对学术伦理的研究本身还只是处于起步阶段,没有形成较为完整的理论体系,对学术伦理本身的内涵及理论边际没有清晰的界定,基于此不可能为学术伦理问题的解决提供理论层面上的依据和实践层面操作性强的策略。同时,也没有就如何构建一套学术伦理价值观进行深入的研究,只是从学术不端或学术道德失范等行为中突出学术伦理的某一部分(比如学术诚信、学术责任等),而作为评判学术道德的标准和制订依据的学术伦理,学术伦理价值观无疑是学术伦理研究的核心部分。

(二)学术伦理研究的分析框架

1.学术伦理研究的理论探索

在中国浩如烟海的文化典籍和璀璨、醇厚的文化积淀里,"德性"与"问学"一直是学术、治学生涯里无法回避的两个重要词汇和理论范畴。《礼记·中庸》云:"君子尊德性而道问学。"这里从主体性和方法论的角度阐述了"德性"与"问学"的关系,对"问学"的探索要以"德性"的实现和完善为"尊"。先贤圣哲对此深入的思考和卓见所凝成的精神素养丰富着学术研究的基本理论库,犹如一盏明灯指引着学术道德建设的路向,为我们当下日益发展的学术研究提供内在的价值依据,具有重要的现实意义。

20世纪末以来,我国学术研究领域的不端行为、学术腐败等学术道德问题甚嚣尘上,严重影响着学术研究的发展,阻碍着学术研究的创新。而在端正学术风气、矫正学术不轨行为的过程中衍生出的种种困惑,使人们的视野回归到"尊德性"与"道问学"的逻辑关系的追寻之中。在与经济、商业、新闻等运营伦理化趋向之下,学术伦理在继科技伦理、生命伦理等之后凸显出来,也从道德规范的具体语境中剥离开来,成为学术研究领域的一个重要的概念范畴和治理、管理策略,成为关涉学术道德建设和学术研究创新、学术发展的一项基础性事业。

学术伦理,顾名思义是与学术研究有关的伦理,表达着学术研究领域的价值诉求。伦理与人类社会相伴而生,是伴随着人类社会的诞生而产生的一种特殊关系,也是人类告别野蛮进入文明的标志之一。其关涉着道德规范的标准、原则和价值,规定

---

① 阮云志.国内学术道德失范与建设研究述评[J].科技管理研究,2013(4).

着伦理关系中相关主体的权利和义务,内定着伦理主体"是什么"和"应该怎样"的存在。规制即对不良状态进行一种矫正措施,运用一定的规范、方法,对行为主体可能或已经偏离常轨的行为或状态进行矫正,使之保持正常运作和处于良好状态。而学术伦理规制简而言之就是从伦理的层面对学术活动的相关主体进行限制和约束,提升学术主体的学术伦理水平。学术伦理规制是与经济规制、市场规制、社会规制、法律规制等有着相同之处又并存差异的规制活动,学术伦理规制是一套以内在的价值为基础与外在的制度规范为保证的完整的、系统的具有强制力的约束体系,它体现着学术伦理价值观。同为约束体系,学术伦理规制与法律规制之区别主要在于学术伦理规制的目标是矫正学术伦理失范现状,实现学术伦理的矫正和重建,维护和提升学术伦理水平、促进学术发展,而法律规制的目标则是维护社会的稳定。

因其关键所以重要,下面进一步解析"学术伦理""规制"的内涵及外延及本质特征。

(1)学术伦理深度解析,科技的飞速发展在社会众多领域带来伦理问题,催生出很多伦理学研究的新领域,诸如科技伦理、生命伦理、环境生态伦理等。显然,学术伦理是关于学术研究领域的伦理,是学术研究主体在从事学术研究中面临的伦理问题,即"学术人何为"的伦理问题。社科院杨玉功教授认为:"学术伦理,就是从事学术这种职业的人应该遵守的道德规范……学术人在学术活动中应该遵守的基本规范,是与学术这种职业有关的伦理。"[1]这里学术伦理包含两种含义:学术伦理是指学术道德规范、规则,是学术主体在学术活动中必须遵守的规范、规则;学术领域里学术主体活动的规范和规则,即学术界的职业道德要求,学术伦理是对学术活动的一种规范和要求。

从学术伦理与学术道德的关系对比中能更好地把握学术伦理的概念,理解学术伦理必须厘清与学术道德的关系,才能彰显学术伦理自我的本性。伦理与道德一向联系紧密、难以区分,著名教育家涂尔干说过,"道德是各种明确规范的总称"[2],而"伦理"也通常被理解为"处理人们相互关系应遵循的道德和准则"[3]。"伦理"与"道德"两者都有"规则、规范、准则"等意思在内,虽然两者有很多相通的地方,有时甚至把道德等同于伦理,但两者区别是显然存在的。它们归属于不同的概念范畴,有各自特定的内涵体系。"伦理是一种规范人类社会基本关系的道理,道德则是一种用以判断行为善恶的标准,伦理道德很可能是一种习俗、常规或共识的共同化身,两者皆为规范人

① 杨学功.学术的社会担当——关于学术伦理的对话[J].社会科学管理与评论,2002(2).
② [法]涂尔干.道德教育[M].陈光金,沈杰,朱浩汉译.上海:上海人民出版社,2001.
③ 辞海编纂委员会.辞海(上)[M].上海:上海辞书出版社,1989.

类社会生活的准则。"①英国《韦氏大辞典》对于伦理的定义是：一门探讨什么是好什么是坏，以及讨论道德责任与义务的学科。道德的研究成为一门学科即为伦理，从这个角度来说，伦理是系统化的道德，是道德的体系，是对道德的分析研究。"伦理作为一种学科的理解，一种道德哲学，是对道德、道德观念、原则、方法等的基本看法和评判。"②同时，罗国杰教授也认为"道德较多的是指人们之间的道德关系，伦理则较多的是指有关这种关系的道理"③。总的来说，伦理应该包含三个层面上的意义：一为秩序与规范，处理各种关系（人与人、人与社会、人与自然）的规范、秩序与准则，此等意义上说与道德等同；二是指人伦之理，辈分、类等（人与人之间的等级秩序），比如人伦、天伦等；三是指对道德、道德规范的研究，即研究道德规范背后的规律，如"道"一样，研究道德在现实社会中怎样运行、评判等问题，是道德哲学。

伦理需要解决的是"何为善"，道德则强调"怎么去做"；伦理做出思考、分析、提出建议，指导道德于实践中的运用。在当今社会中各种思想带着不同的背景根源交错出现，什么是符合学术道德的行为，学术活动中的是非标准，学术道德难以做出回答。学术伦理作为抽离具体学术道德规则的"道"，其具有"超越现有学术道德的时效性，体现了一种客观的自在精神，这既是客观评判标准和依据，也是学术行为规范合理化的内在基础"④。学术伦理表明基本是非立场，既能规范学术人的学术行为，又能张扬学术人的研究潜质，促进学术发展。同时，伦理强调目的性，道德偏向义务规范，学术伦理是学术道德的最初根据和出发点，学术伦理是学术领域中学术人应当遵守的道德规范所确立的依据、价值内涵和逻辑起点，学术伦理是学术道德的内核和学术道德客观判断的依据。

但学术伦理不仅仅是学术人在学术活动中遵守的学术道德规范制定价值内涵和逻辑起点，也不仅仅外化于道德规范、规则，它本身具有的一种"科学的精神特质"。这种"科学的精神特质"是学术伦理的价值核心，推动着学术对真理的不懈追求，规约着学术人通过自身的学术活动不断"为世界去魅"，实现学术追求真理的价值导向。

从上可知，学术伦理是学术领域指导学术向善和维持学术领域关系秩序的价值标准和规范，是学术主体在学术研究过程中（即科学知识的生产、交流、传播、评价）应该遵循的内在价值要求。其表现为：学术道德规则、规范；学术伦理关系的内在规约之理；学术精神和学术价值观，是学术道德哲学。

---

① 蒋少飞.从词源上简述伦理与道德的概念及关系[J].改革开放,2012(10).
② 尧新瑜."伦理"与"道德"概念的三重比较义[J].伦理学研究,2006(4).
③ 罗国杰等.伦理学教程[M].北京:中国人民大学出版社,1986.
④ 罗志敏."学术伦理"诠释[J].现代大学教育,2012(2).

（2）规制的界定，"规制"最初为经济学的一个词语，始于对经济活动的调控，是规制经济学的一个重要概念，英文翻译为"regulation"。东西方学者对规制的解读存有差异，日本学者植草益认为"规制"是"有规定的管理""有法规的制约"①。法国经济学者 Mitnick 认为："规制是针对私人行为的公共行政政策，它是从公共利益出发而制定的规则。"②我国学者于立、肖兴志认为："规制是指政府对私人经济活动所进行的某种直接的、行政性的规定和限制。"③还有一些学者诸如曾国安认为："管制是基于公共利益或其他目的依据既有的规则对被管制者的活动进行的限制。"④虽然国内外对于规制的定义存有差异，没有完全一致的定义，总结来看其包含两层含义，即既具有名词的特点，也拥有动词的特点。名词性的特点是针对私人活动公共行政政策和某种公权组织制定的规则、规范，明确规定相应组织、机构如何做及怎么做的规则和规范。而动词的规制属性则是规则的实施、规则的运用和规则的运行机制，是一种"有规定的管理"，对规制对象可直接进行限制性规范和活动，是一种强制性的约束。"完整的规制概念既指具有强制力的规则，又指运用这些规则对对象所进行的干预活动及其机制。"⑤规范与规制的区别也在于规范强调的是行为的原则、标准，规制则是规范的实践运用；规制是行为的原则、标准与行为之间的桥梁，规范仅体现了规制的名词性属性。综合以上解析本研究认为规制是面对某一公共领域的运作"失灵"，基于一定的公共利益目的，根据一定的规范、规则对其进行有效管理的措施，是企达一定状态的矫正设计。规制具有系统性、针对性、强制性、灵活性等特征，是一种动态的存在，规制一般认为有经济性规制、社会性规制、伦理性规制等形式。

（3）从规制到伦理规制，伦理规制是规制理论中的一种，是伦理规范、伦理理念和伦理精神的具体化。"伦理规制是伦理理念和精神的外化形式，是伦理规范及其特定的社会运行保障机制的统一。"⑥伦理规制是对行为主体的规制，是以内在的伦理精神、理念为基础与外在的社会约束相结合而实现，通过外在的他律与内在的自律两者的统一而完成，是制度化的道德规范。通常而言，伦理规制包含三个部分：伦理原则、伦理义务、纪律规则。伦理原则通常表现为基本的道德伦理规范，伦理义务即在伦理关系中必须履行的义务，此两者中包含有伦理的精神与理念；纪律规则则包含系列操作机构、纪律调查、处罚方式等强制性措施及运行机制。伦理规制作为一种制度化的

① ［日］植草益.微观规制经济学[M].朱绍文等译.北京：中国发展出版社，1992.
② Mitnick, B. M. The Political Economy of Regulation[M]. NewYork：Columbia University Press，1980.
③ 于立,肖兴志主编.产业经济学的学科定位与理论应用[M].大连：东北财经大学出版社，2002.
④ 曾国安.管制、政府管制和经济管制[J].经济评论，2004（3）.
⑤ 丁瑞莲.金融发展的伦理规制[J].北京：中国金融出版社，2010（9）.
⑥ 战颖.中国金融市场的利益冲突与伦理规制[M].北京：人民出版社，2005.

道德规范,被赋予了一定他律性的外在强制性力量,"伦理规制就是制度化了的道德规范,它能够赋予道德规范一定的他律性效力。伦理规制的突出特点是它能够给违背伦理规范者带来麻烦、经济成本和污点惩罚,使没有达到法律惩罚的程度恶也能够被惩治,给遵守道德规范者带来公平感。"①但它与法律惩戒有着一定的区分,从权利主体来看,法律来自国家机构,是为维护国家统治而定;伦理规制的效力是社会权利范畴,伦理能够规制一些没有达到法律惩戒程度却于社会领域中存在的恶,法律维护的是社会稳定,而伦理规制的是社会道德水准。同时,伦理的规制除了以外在的社会约束为保障外,对于伦理主体而言,伦理规制的实现更是要以伦理理念和精神为基础通过多种形式迫使相关人履行伦理义务,内化道德价值规范,提升道德境界,从而彰显道德自律,最终在二者统一的基础上实现对行为主体进行规制的目的。

(4)学术伦理研究的价值诉求,学术伦理及规制的研究旨在搭建一个具有解释力、操作性较强的以提升学术伦理水平和矫正学术伦理价值观的伦理规制框架。伦理规制是伦理精神和信念的外化,通过规制提升内在的伦理水平、矫正学术伦理价值观,最终在与外在的强制相结合的情况下矫正学术不端者的学术伦理水平,以整饬学术研究秩序、推动学术创新。

学术不端行为极大地影响了学术的发展,抑制了学术创新。几十年来各方人士在不断地为整饬学术失范行为而努力,分别从法律、制度、道德规范和技术等方面入手,取得了一定的成绩但效果依然不是很理想。本研究分析,学术行为失范的根源在于学术伦理的失范,并试图从学术伦理的角度,提供一种新的研究与探讨学术治理方式的途径,拓展了学术不端治理的研究空间,为学术失范的治理找寻了一种新的路径,在研究进展上有一定程度的突破。同时,本研究试图从学术伦理的角度为目前学术失范行为提供一个规制系统,搭建一个极具解释力的规制框架,即围绕着如何提升学术不端者的学术伦理水平,矫正其学术伦理价值观,从而实现学术伦理的重建与夯实而展开相关研究工作。把伦理规制引入学术失范行为建设的领域,它不仅在内容上拓宽了学术失范治理的研究空间,也为学术治理建设提供一个新的视角。

在研究过程面临的困难有:其一,分析学术伦理主体的伦理关系及其面临的伦理困惑以及对学术伦理失范的内、外在动因需做深入的研究分析。目前学术领域的相关主体的伦理学术水平的量化和检测难以测评,问卷访谈不能精确地反映出各个层次、不同领域的学术主体的伦理水平。另外,对于如何进行学术伦理规制,提升学术伦理水平,本研究企图从学术伦理规制的可行性、规制的目标结构,从价值分析、制度

---

① 韦正翔.金融伦理的研究视角——来自《金融领域中的伦理冲突》的启示[J].管理世界,2002(8).

保障、组织机构的构建与实施操作等方面入手,虽然思路较为清晰但在实践领域究竟如何去做,如何细化,如何使其具有生命力并具有可操作性仍然存有一定的难度,容易陷入要么浅尝辄止如浮光掠影一晃而过没有任何意义,要么生硬晦涩不切实际难以操作的境况。

2.学术伦理研究的具体设计

(1)学术伦理研究的基本思路及主要研究方法

基本思路。本研究以学术活动的不端行为为起点,从学术不端治理路径的回顾入手,反思学术不端治理过程中的困惑,从学术伦理的研究视角,提出本研究要研究的主题:学术伦理规制。即从伦理的层面对学术主体的伦理失范状况进行规制,矫正其失范状态。通过学术伦理水平的提高和学术伦理价值观的矫正而促使学术不端者"自律",然后在与"他律"(外在制度规范的制约)相结合下达到遏制学术不端行为的目的。通过对学术活动领域的相关主体的伦理分析,展示当前学术研究的伦理权责。对学术伦理现状进行检测和分析,通过问卷调查等投影试验指出当前学术伦理水平较低、学术伦理价值观紊乱的基本现状。继而在分析学术领域伦理关系主体的伦理水平及梳理其伦理权利与义务的基础上,提出学术伦理规制的路径。以"规制"为抓手,围绕"何为规制"(规制的理论阐释)、"规制为何"(学术伦理规制的目的)、"因何规制"(进行学术伦理规制的原因分析和依据分析)和"如何规制"(规制的实施路径探究)等研究主线出发,建立一套以提升学术研究力、推动学术创新动态、系统的学术伦理规制体系的解析框架,以实现矫正学术伦理价值观,提升学术伦理水平的研究目的。即从学术研究的伦理现状出发,从伦理层面解析现状产生的原因,分析学术伦理规制的目标和依据条件以及对学术伦理关系主体的伦理权责进行梳理,然后思考学术伦理规制的建构路径。

主要研究方法。"规制"源自经济学研究领域的一个概念,本研究用规制经济学的一个重要概念"规制"的相关原理引入学术研究领域,拟对当前学术研究领域的失范问题进行分析研究,以期寻找学术不端建设治理的新思路。学术伦理规制在当前的语境下具有相当程度的复杂性和融合性特点,学术伦理规制的研究关涉规制、道德伦理、学术等不同学科的相关文献资料。这些文献资料对形成本研究的论点、构架、学术伦理规制的建构路径极为重要。本研究通过 CNKI 等网络数据库和图书馆等平台尽量搜罗与本研究有紧密联系的书籍、论文、学术网站、新闻报道和法律法规等文献资料,并对这些现有的研究成果进行全面系统的梳理、评判的基础上进行分析、提炼、归类、总结,夯实了自己的研究基础,推动本研究顺利进行。同时,有比较才会有鉴别和取舍从而进行有生命力的构建,在本研究行文过程中,尽可能地借鉴其他国家在学术研究领域的学术失范治理的方法和思路。通过中外的学术研究领域制度、组织及运行机制状况的对比,获取不同国家学术不端治理的经验和方法,在立足于民族性的、尊重传统有价值的和生命力思想立场上,使本研究立于古今中外、国际文化背景之视野中。最后,学术伦理现状会直接影响相关研究机构的学术研究氛围和学术创新能力,本研究拟通过对学术研究的相关机构及学术人的做问卷调查或直接访谈,从多角度、多维度把握学术人的学术伦理现状,做出相应的伦理水平评估。从伦理的视角去管窥学术失范的诱因和深层根源,从而寻找解决的路径和方法,搭建合理的学术伦理规制体系。也通过对学术研究领域的一些有典型意义的学术不端行为个案分析,通过对那些产生在特定时代背景中的具有典型意义能折射出学术研究失范并在方法、评价等方面有触动意义的事件分析,对学术不端行为的现状和过往进行研读和考量,结合历史和现状考察其背后的原因,挖掘其内在的机理。

(2)学术伦理研究的主要内容安排

循上述目标本研究将从学术不端治理的路径回顾开始,接着提出学术伦理规制的研究视角,以学术伦理的现状研究为分析起点,思考学术伦理规制的目标和依据条件以及对学术伦理关系主体的伦理权责进行梳理,然后落脚在学术伦理规制的具体实施,循此思路展开论文写作,论文分为以下几个部分。

首先,对学术不端治理路径进行回顾和反思,提出本研究主题:学术伦理规制。然后对学术伦理进行理论阐释,什么是学术伦理,学术伦理的层次结构如何?并通过对学术研究领域的学术主体的问卷调查揭示学术研究相关主体的伦理状况,折射出我国目前的学术伦理失范现状:学术伦理水平低、学术伦理价值观错乱。最后分析学术伦理失范的表现、原因。学术伦理的失范现状阻碍着学术研究的创新和发展,这是对学术不端者进行伦理规制的内在原因和出发点,此为论文第一、二章。

接下来分析何为学术伦理规制,为什么要学术伦理规制即实施学术伦理规制的依据何在,学术伦理规制的作用和其独特性何在?本研究首先试图从理论上详述学术伦理规制的内在意义和学术伦理规制的运作机理。接着论证学术伦理规制的价值依据,学术伦理规制是一种价值内化性规制,具有与学术活动性质相契合的特点,在现实中也具有必要性与可能性。且从人性论、认识论等角度揭示制对法律等外在"他律"无法触及的生活中的"小恶"从伦理角度进行规制的必要。并且针对学术行为失范在进行治理过程中遭遇的种种困惑分析揭示,学术伦理规制也是一种可能和必要的学术不端治理方式,此为论文第三章的主要内容。

为矫正学术伦理失范状态而实施的规制手段,要使其具有现实可行性需要理清规制的基本要素。谁来进行规制即规制主体,具体规制谁即规制对象。学术伦理规制是为重塑学术伦理,那么学术伦理规制的主体和对象包括哪些,其本身所包含的伦理权利和义务如何,可能陷入怎么的伦理困境和冲突等,厘清此类问题是实施规制的基础。此部分由四个"分析"构成:伦理关系的主客体性分析;学术研究者(学术人)的伦理分析;学术研究机构的伦理分析;学术伦理规制的动力分析,此为论文的第四章。

论文第五章主要是围绕着如何进行规制,如何致力于学术伦理规制体系的具体构建展开。学术伦理规制的实践操作系统主要从四个方面进行实践:价值维度的建构路径、制度维度的建构路径、组织维度的建构路径和利益维度的建构路径。拟通过一系列的有力措施促使学术伦理规制既能在理论上阐释透彻又具有较强的指导实践、付诸实践的能力,力争创建成为理论上"上"得去,实践中操作力强的规范约束体系。

第一章　学术不端治理路径的反思

一、学术不端治理路径的回顾与困惑

(一)学术不端治理路径的呈现

学术不端行为给学术界、学术研究带来极大的危害,严重地影响学术研究的方向,偏离了学术求真、追善的本质,也会弱化、偏离甚至是背离其创新的本真。自 20 世纪 80 年代以来,学界、政府和社会为规范学术不端行为踏上了漫长的学术治理之路。其治理途径主要从道德规范建设、制度建设、法律建设还有技术遏制等方面进行。

学术治理的道德规范建设。面对学术不端等学术道德失范行为,人们的第一反应是打击学术腐败,进行学术规范建设。20 世纪 90 年代初《学人》主编陈平原的《学术史研究随想》、中国社会科学院文学研究所副研究员蒋寅的《学术史研究与学术规范化》这两篇文章从学术史的角度提出学术规范问题。随后 1998 年邓正来教授的《研究与反思——中国社会科学自主性的思考》(辽宁大学出版社)等都对学术道德规范有着专门的讨论。同时一些杂志社、学术会议举行了学术规范的讨论,弘扬学术道德。如 1993 年《中国书评》杂志创刊,《北京青年报》理论部也围绕"规范化与本土化:社会科学寻求新秩序"研讨会,寻求建立学术研究规范、推动学术发展。同时,媒体大量曝光学术不端行为,一些专著诸如 1999 年陕西师范大学出版社出版的《丑陋的学术人》,2001 年出版的《中国学术腐败批判》被誉为"学术打假专著"。一些专门推行学术规范讨论以促进学术道德的学术网站也建立起来,如著名的杨玉圣教授创建的学术批评网,专门进行学术道德规范讨论;出现了"学术打假斗士"方舟子;等等。这些对什么是规范、为什么要规范等重要概念的理解和阐释起着巨大的作用,并对如何进行学术规范化进行了意义上的阐释和一定程度上的澄清,对推动学术规范化起着一定的导向作用。

除了学术界自身对建设学术道德规范在做努力之外,国家相关部门也从宏观角度全面系统地进行学术道德规范建设。教育部于 2002 年 2 月 27 日发布《关于加强学术道德建设的若干意见》,提出加强学术道德建设的五项基本原则和六条具体措施,要求学术研究的相关部门端正学术研究风气、加强学术道德建设,并已经具体到学术评审机制、违反学术规范的惩罚机制以及关于学历、学位证书的管理等方面,对于规范学术行为起了一定的作用。

学术治理的制度建设。学术治理的制度建设主要落脚在学术研究领域、项目申请、学术评审领域和学术奖励领域,围绕着这些领域国家相关部门十几年内颁布了一系列规范学术行为的文件,如 2004 年,教育部发布了被称为"学术宪章"的《高等学校哲学社会科学研究学术规范》。在项目申请、学术奖励和学术评审等领域,国家着重加强对科研项目和科研经费使用的管理,如 2011 年《教育部关于进一步改进高等学校哲学社会科学研究评价的意见》(教社科〔2011〕4 号)等。除了规范学术行为的文件外,就如何处理违背学术规范的行为相关部门也颁布了相应的惩处措施。同时,与国家各部门的学术研究管理相回应,一些部属、地方性大学和科研部门也制定了加强学术行为规范的系列规章制度。

除了上述纲领性文件外,有学者提出更为具体的制度约束方法。首先,应完善教育培训机制,加强学术道德教育、诚信教育以及法律法规的学习和内化。其次,应加强学术监督、完善社会监督体系,建立长效监督机制。第三,在项目申请和学术评审方面要改进和完善相应的管理体系,确定学术指标、评价指标,定量与定性评价相结合,实行匿名评审、专家回避等制度,健全学术批评方法,健全学术批评制度。第四,在学术奖励领域,减少荣誉奖励的物质化倾向、减少荣誉奖励的含金量,以确立价值、精神为导向的奖励方向。同时,对于学术违规行为实行责任追究制,建立相应的惩戒机制。学术治理的制度建设主要是围绕三个领域(学术研究、项目评审和评价、学术奖励)五个方面(完善的教育培训机制、科学的考核评价机制、合理的领导管理机制、系统的监督约束机制和有效的惩戒处罚机制)。

学术治理的法制建设。学术道德规则、制度规范等都不能有效遏制学术腐败,学风不正依然愈演愈烈。有学者认为"刑不上教授"放任了学术不端行为,主张用法律严惩并遏制学术界道德失范行为、发挥法律的强制性作用以规范学术不端行为,使学术活动法制化。学术治理的法制建设也要做到"有法可依、有法必依、执法必严、违法必究"。加强学术立法建设方面,据《新京报》2005 年 3 月 12 日报道,有全国政协委员提交议案,建议严惩学术不端"对严重剽窃行为应该追究刑事责任,在刑法中设立'剽窃罪',制裁学术腐败"①。一些教授们的欺诈行为骗取了国家上亿元资金,带来巨大损失,应该在学术领域也设置诸如"欺诈罪""诈骗罪"之类的罪名。完善著作权法、专利法,将一些严重学术不端行为纳入刑法范畴,追究刑事责任以遏制学术不端行为,或者设立一部专门的学术法打击学术领域的违规行为。对于违规学术行为,如抄袭、剽窃、作假等不端行为视情节分别予以学术处罚、行政处分、刑事处罚,并且追究相关人事、单位、机构的责任,加强打击失范行为力度,实行法律责任追究,以强制、惩戒手段护卫学术道德,激发学者内心的耻辱感和荣辱意识,用法律惩治学术不端行为。

---

① 佚名.刑法应设剽窃罪,严惩学术腐败[N].新京报,2005-3-12.

（二）学术不端治理的困惑

社会各界人士、各部门对治理学术道德失范行为的努力是看得见的,但通过道德规范、制度、法律等途径治理学术不端行为并没有达到人们所期望的效果,学术不端行为并没有得到有效遏制。

对于学术治理的道德规范建设,仅为泛泛意义上的道德说教,更多的是"引文格式""写作规范"以及"规范标注"等的要求。这未能唤醒学术主体的羞耻之心和提高道德水平从而实现学术行为的道德"自律"。

对于学术治理的制度建设,学术管理制度对治疗学术失范起着一定的积极效果和作用。但制度越多,"问题"也跟着"制度"相继出现,出现制度的供给与问题同生的窘况,甚至陷入制度制定跟不上问题出现步伐,后一制度填补前一制度漏洞的"制度性困惑"中。如对于学术评价而言。量化评价:重量不重质→质化评价:难以定性判断→同行评价:易受个人影响,人情偏见→匿名评审制度:学术研究专门化,容易判断作者是谁……

对于学术治理的法律建设,法律惩戒对于极大的学术违规、造成极大社会危害的行为可以起到一定的打击和震慑作用,具有一定的效果,而对一些属于思想意识里的、道德价值层面的"逾矩"则往往是无能为力的。尤其是对于学术研究等专业性相当强的领域,学术问题的处理终究要回到学术领域。

学术治理的道德规范、法律、制度三者未能达成高效的和谐互动,实现不了在学术管理上的良性互动,不能有效激发学术人的创新意识和激情,也不能有效地推动学术发展。2001 年 12 月 10 日,国家自然科学基金委纪检监察审计监督联合办公室共收到举报 76 件,其中,举报内容涉及抄袭和剽窃他人成果 10 件、弄虚作假 13 件、专家评审不公 20 件、以同一内容重复申请 2 件、滥用科学基金经费 7 件、冒名申请 4 件、受资助单位及委内管理问题等 20 件[①]。而 2009 年据《中国教育报》报道仅 7 月 1 个月重量级学术造假案例就有 4 起,涉及长江学者、大学校长、名校教授。

在制度、法律、道德规则的制定依然没有矫正学风的状况下,本研究认为,学术研究领域的事情有着其本身存在的独特性,单靠外在的制度约束难以找到合适的受力点,产生不了应有的矫正力度。制度、法律、规则的制定在学术领域的某种程度的"失灵"在于对学术不端行为认识的简单化、表面化。在某种程度上我们可以出台法律,惩戒某些学术活动的不端行为,也可以完善学术评价等制度从而减少整体性的学术

---

① 曾伟.国家科学基金委首次公布 2001 年学术腐败案件[N].北京青年报,2002-01-08.

腐败,但这些只是治标不治本的权宜之计。1998 年,北京大学著名教授王铭铭出版《想象的异邦》(上海人民出版社 1998 年版),其中有 10 万字是剽窃的,2002 年被揭露出来后在整个社会引起轩然大波。然而让人更为震惊的是他的博士生认为"自己敬爱的老师遭受恶意攻击",他所教的本科生则讨论要献花安慰老师。[①] 这不是一个大是大非的学术难题,是一个连小学生都能区分的是非善恶问题。对于这种学术道德水准的歪曲,有学者担心"出现学术剽窃并不可怕,最可怕的是,面对这些一清二楚的问题时,我们连起码的判断是非的标准和能力都没有了"[②]。面对明显的违规逾纪行为持有的却是一种理解、宽容之态度,这是对是非对错的颠覆和扭曲,揭示的是道德水准的滑落和伦理价值观的错乱。这昭示着学术不端不仅仅是学术剽窃、抄袭、捏造、篡改,不仅仅是根据规则、制度、规范处理几桩学术违规行为就可,这是一种对学术价值的越轨和背离。学术道德规范没能内化为学术人的"德性"而外化为失范的"德行",其内在根源是学术伦理的失范,是学术伦理价值观的混乱。"学术失范不单单是学术人在行为上和道德上背叛了学术的价值与追求,更多的是其对作为学术人应该遵循的价值规范亦即学术伦理的违犯。"[③]

二、学术不端治理路径的新视角:学术伦理规制

学术伦理价值观错乱、学术伦理水平低是导致学术不端等学术道德问题的内在根源。本研究认为应通过矫正学术伦理价值观、提升相关学术主体的学术伦理水平,对学术不端者的学术伦理进行矫正及规制,形成学术道德文化,提高学术人的学术自律能力和创新意识,继而遏制学术不端行为。从此角度而言,伦理规制无疑是一个治理学术不端的新视角。

"规制"是来自经济学的一个词语,作为一种特殊的治理方式,是企达一定目标状态的矫正设计,根据一定方法和手段、策略,对某一领域、组织或个人已发生或者可能发生的违背正常状态的行为施加一定的影响或者力量,使其保持正常的状态或者使其原有失范的行为得到矫正,其包含:规范治理或者进行适当的矫正措施。

本研究认为,伦理不仅仅是一种内在的自我约束,也是一种可以约束人的行为的社会力量,这也是与道德规范的区别之一。纯粹内心的信念和准则具有一定程度的不稳定性,从整个社会范围而言难以成为社会交往的本源性基础。伦理作为人伦之理,伦理规制则是伦理理念、精神、价值观念、信念的外化,是社会规制之一,伦理规制

① 佚名.王铭铭剽窃事[EB/OL].http://news.163.com/40728/3/0SCOPGBF00011211.html.2004-07-28.
② 杨玉圣.为了中国学术共同体的尊严——学术腐败问题答问录[J].社会科学论坛,2001(10).
③ 罗志敏.是"学术失范"还是"学术伦理失范"——大学学术治理的困惑与启示[J].现代大学教育,2010(5).

与"一定社会的制度、体制有着内在的关联性;动摇了根本的社会伦理规制,常常意味着动摇了社会制度本身"①,并且,伦理规制具有极大的外在强制力,"政治、法律性社会规制只有与其在相当程度上契合时,才能产生实际效力……伦理规制比一般法律条文更具约束力"②。伦理规制是一种内在的约束与外在的社会强制的统一,是内在的价值观念、道德规则、信念的现实化。这种制度化的道德规范具有"社会强制力的规则及其实施活动和机制"③,它能够"给违背伦理规范者带来麻烦、经济成本和污点惩罚,使没有达到法律惩罚程度的恶也能被惩治,给遵守道德规范者带来公平感"④。无疑,学术伦理规制对于整饬学术领域、打击学术不端行为具有重要的意义,学术人本身可以调整其内在的学术价值观,树立正确的学术伦理价值观,推动学术创新,其强制性的约束力可规制学术不端行为,推动学术发展。

学术伦理规制在一些国家和我国台湾的学术管理中已有实行并且效果良好。韩国自 2005 年"黄禹锡事件"之后意识到学术伦理建设对于学术创新和发展的重要性,并且也发现仅有学术伦理规则规范不足以制止学术不端的行为,需要制订一个可以操作的系统来规制学术行为。因此韩国从 2006 年起颁布《确保学术伦理准则》,建立学术伦理制度、成立学术伦理专门机构——韩国国家学术伦理确立推进委员会。国家学术伦理确立推进委员会下设推进团,推进团又包括三个部门:政策企划组、制度改善组、调查分析组。国家学术伦理确立推进委员会还有专门的咨询委员会,以伦理推进委员会为核心进行学术伦理研究,并要求各学校以及科研机构设置学术伦理机构,同时对学术伦理教育、学术伦理规章制度、处罚标准等进行逐一规范。⑤

三、学术伦理的理论阐释

在进行学术伦理规制论证之前有必要先了解学术伦理是什么,分析学术伦理的内涵与外延是有效进行学术伦理规制的前提与关键。学术有着久远的历史,但学术伦理问题浮出水面成为人们日益关注的话题时间并不是很长。随着学术研究的发展和兴盛,我国从 20 世纪 80 年代学术道德问题初露端倪开始,到后面越来越多的学术不端、学术违规、腐败现象的泛滥,学术伦理渐渐从学术道德规范、科技伦理中跃出成为一个独立的语系。学术规范因内在依据的意义场域不足,相当程度上消泯了解释力度,弱化了对学术行为的道德影响。所以在学术研究相关的一些领域,有学者提出

① 战颖.中国金融市场的利益冲突与伦理规制[M].北京:人民出版社,2005.
② 战颖.中国金融市场的利益冲突与伦理规制[M].北京:人民出版社,2005.
③ 丁瑞莲.金融发展的伦理规制[M].北京:中国金融出版社,2010.
④ 韦正翔.金融伦理的研究视角——来自《金融领域中的伦理冲突》的启示[J].管理世界,2002(8).
⑤ 柳圣爱.韩国学术伦理建设评介[J].高等教育研究,2009(7).

各自相应的伦理要求以协调伦理关系的建构。如对作为研究主要成员的大学教师有提出教师"专业伦理"建设,或从职业的角度提出教师"职业伦理"建设。这也是与科技发展给人们带来更多便利的同时催生出很多新的研究领域分不开的,这些研究领域也会产生诸多的关系组合,带出诸多的伦理问题,诸如生命伦理、生态伦理、医疗伦理、商业伦理、金融伦理等。显然,学术伦理是关于学术研究领域的伦理,是学术人在从事学术研究中面临的伦理问题。

(一)学术伦理的思想追溯

我国"治学"的伦理思想是有迹可寻的,"治学"的思想可以追溯到远古时代,在《礼记·中庸》中就有提出学术的道德问题,"故曰:苟不至德,至道不凝焉。故君子尊德性而道问学,致广大而尽精微,极高明而道中庸,温故而知新,敦厚以崇礼。""尊德性"与"道问学"是学者该具备的基本素养,"德性"作为学者的基本修为强调的是"德"即"诚信",而"道问学"则是主体实现"诚"的路径,德性是第一位的,学问需以"德"为基础,是第二位的,这是儒家对待学术真善的基本立场。孔子更是把这种"求真"的精神上升至"殉道"的境界,"朝闻道,夕死可矣"。对于学者的学术人格,《论语·雍也》有云:"君子博学于文,约之以礼,亦可以弗畔矣夫。"儒家学者的伦理品格和知识素养体现在"博学"与"约礼"方面。先秦时期对一些经典的书籍的解释与传承规范也很明确而严密,注、疏、原文与注释、作者与注释者、记录者与传播者等非常严格、不能混淆。颜师古认为,"凡旧注是者,则无间然,具而存之,以示不隐",每位注释者都一一标明,折射出学术的"求真"本质,也表明了我国古代学者的严谨治学态度。汉董仲舒主张研究中的学术道德精神不可缺少,"仁而不智,则爱而不别也;智而不仁,则知而不为也。故仁者所爱人类也,智者所以除其害也。"在阐释"仁德"与"学问"之关系,没有智慧只有德性会让爱不知是非,而缺乏道德就算能明白善恶也不愿意去践履。宋代张载说:"见闻之知,乃物交而知,非德性所知。德性所知不明于见闻。"知识学问只有具备德性才产生道德价值,"见闻之知"依靠经验而得,高深的知识学问和对于社会人生本质以及规律性知识的理解,只有具有高尚道德情操的君子才能取得。"德性之知"可以达到对事物知识的根本性把握,表达着伦理道德的内在价值,这种对知识获取的致思方式把学术研究中的道德伦理作用提到一定的高度,是认识论的一个源泉。

我国近现代的学术研究也是不缺乏学术规范的。学术史上真正有现代学术规范的萌芽始于清朝,梁启超评清代学术的"梁氏十条"中:"(4)隐匿证据或曲解证据,皆认为不德;(5)只采用旧说,必明引之,抄说认为大不德;(6)所见不合,则相辩诘,虽弟子驳难本师,亦所不避,受之者,从不以忤;(7)辩诘以本问题为范围,词旨务笃实,温厚,虽不肯枉自己意见,同时仍尊重别人意见;有盛气凌轹,或支离牵涉,或影射讥笑者,认为不德。"①对学术领域的学术道德从几个方面予以规定和要求,指出引用不规范、剽窃他人成果等均为不道德的行为。鲁迅也反对抄袭,他认为引用别人的要表明出处,否则就是抄袭、剽窃,《书信集·致郑振铎》:"在每书之首叶(页)上,可记明原本之所来,如《四部丛刊》例,庶几不至掠美。"②并且对于文献的引用也要斟酌,多方考证,杜绝遗漏相关资源,不要出现"失之眉睫"的错误③,这说明古人对待学术的严谨态度。

(二)学术伦理的概念

社科院杨玉功教授认为:"学术伦理,就是从事学术这种职业的人应该遵守的道德规范……学术人在学术活动中应该遵守的基本规范,是与学术这种职业有关的伦理。"④在这里学术伦理有两种含义:一种是指学术道德规范、规则;一种是学术主体在学术活动中必须遵守的规范、规则,学术领域里学术主体活动的规范和规则,即学术界的职业道德要求,学术伦理是对学术活动的一种规范和要求。而也有学者认为:"这些具体哲学思想和内容背后更基础的东西,也即学术伦理。因为哲学思想和哲学观念多变,而学术伦理一旦形成,则有相对的稳固性和延续性,会成为一种学统。"⑤这里学术伦理被解释为一种"学统"即一种学派或者思潮。我国还有学者认为:"它(学术论理)更普遍地存在于学者的自觉行为之中,或者说,学术伦理是学者的内在品质。"⑥在笔者梳理、分析文献的过程中发现西方关于学术伦理的解释,有几个概念纠缠在一起,学术伦理(Academic Ethics)往往等同于学术诚信(Academic Integrity),同时与科技伦理(Technological Ethics)和研究伦理(Research Ethics)的边际也不是很清楚。

从上述学者对学术伦理的概念解析中,大致可以归纳为以下几类:一是把学术伦理等同于学术道德规范、规则,学术主体的规范要求和学术界的职业道德规范、规则;二是把学术伦理作为一种学统、思潮;三是把学术伦理当作学者本身的一种品质要求;四则是把学术伦理与科技伦理、研究伦理、学术诚信混为一谈,没有厘清楚各自的边际。

---

① 梁启超.清代学术概论[M].上海:上海古籍出版社,1998.

② 注:鲁迅.鲁迅书信[M].北京:人民出版社,2006."掠美"之意为夺人之美为自己所有,夺取别人的劳动成果,别人的功绩、美名,出自《左传·昭公十四年》:"己恶而掠美为昏,贪以败官为墨,杀人不忌为贼。"

③ 注:失之眉睫,在《四库全书》卷第五十一·史部7记载有这样一个典故:毛奇龄错误地认为"材"出自郑康成"梓材"之说,而不知《郑语》"计亿事,材兆物"句,昭注曰:"计,算也。材,裁也。"已有此训。然则奇龄失之眉睫间矣。此亦见多资考证也。(毛奇龄为清代一大学者)

④ 杨学功.学术的社会担当——关于学术伦理的对话[J].社会科学管理与评论,2002(2).

⑤ 胡伟希.20世纪中国哲学的学术伦理:"日神类型"与"酒神类型"[J].学术月刊,1999(3).

⑥ 王晓辉.学者伦理,学者内在的品质[J].比较教育研究,2012(9).

基于上述学者对于学术伦理的理解,对学术伦理无法形成一个统一意义解读,这与学者们不站在同一的框架、视角去解读问题有关,他们站在不同的视角、基于不同的立场、从不同的致思路径出发得出各自的理解。有学者从伦理的约束性即规范的角度出发,认为学术伦理即为学术道德规范、规则;有学者从专业性的角度认为学术伦理应类似于教师专业伦理或职业伦理范畴;还有学者从人的精神德性出发认为学术伦理该作为学术人的一种品质等;有学者就从一些现象或个别问题出发于现象层面做一反思或理论探讨。这种非系统性的、非全方位的视角论述学术伦理难免带有一定的局限性,难以得出全面的总结性的结论。但是,不可否认,就是这些从不同角度对学术伦理的探讨容易帮助我们站在更高、更广的视角得出系统的、较为完整的对学术伦理的深入理解。下面本研究拟在学者们的已有研究的基础上更系统、全方位地分析学术伦理的内外属性和概念,主要围绕在学术伦理是什么、学术伦理不是什么两方面,在相似与比对中突出自身的属性。

1.从与学术道德的关系来看学术伦理

从学术伦理与学术道德的关系对比中能更好地把握学术伦理的特点,理解学术伦理必须厘清与学术道德的关系,才能彰显学术伦理自我的本性。伦理与道德一向联系紧密、难以区分。著名教育家涂尔干说过"道德是各种明确规范的总称"[1],而"伦理"也通常被理解为"处理人们相互关系应遵循的道德和准则"[2]。"伦理"与"道德"两者都有"规则、规范、准则"等意思在内,显然两者有很多相通的地方,有时甚至把道德等同于伦理,但两者的区别是显而易见的,是归属于不同的概念范畴,有各自特定的内涵体系。"伦理是一种规范人类社会基本关系的道理,道德则是一种用以判断行为善恶的标准,伦理道德很可能是一种习俗、常规或共识的共同化身,两者皆为规范人类社会生活的准则。"[3]英国《韦氏大辞典》对于伦理的定义是:一门探讨什么是好什么是坏,以及讨论道德责任与义务的学科。道德的研究成为一门学科即为伦理,从这个角度来说,伦理是系统化的道德,是道德的体系,是对道德的分析研究。"有学者认为,论理是作为一种学科的理解,一种道德哲学,对道德、道德观念、原则、方法等的基本看法和评判"[4]。总的来说,伦理应该包含三个层面上的意义:一是指秩序与规范,处理各种关系(人与人、人与社会、人与自然)的规范、秩序与准则,此等意义上说等同于道德;二是指人伦之理,辈分、类等(人与人之间的等级秩序)比如人伦、天伦等;三

---

① [法]涂尔干.道德教育[M].陈光金等译.上海:上海人民出版社,2001.
② 辞海编纂委员会.辞海(上)[M].上海:上海辞书出版社,1989.
③ 蒋少飞.从词源上简述伦理与道德的概念及关系[J].改革开放,2012(10).
④ 尧新瑜."伦理"与"道德"概念的三重比较义[J].伦理学研究,2006(7).

是指对道德、道德规范的研究即研究道德规范背后的规律，如"道"一样，研究道德在现实社会中怎样运行、评判等问题，是道德哲学。

从上可知，伦理是道德背后的"理"，即学术伦理为"学术之道"而不是"学术道德"。具体来说，学术伦理是学术主体在进行学术研究活动所产生的伦理关系中应该遵循的"理"，代表着一种不可违背的、必然的法理精神，是学术道德的内核和本质。而学术道德则是学术伦理本质精神的体现，通过学术研究主体领悟其理而内化于心并践行于学术活动中，个体化为学术人之德性。学术伦理需要解决的是"何为善"，学术道德则强调主体"怎么去做"；学术伦理做出思考、分析，提出建议，指导学术道德于实践中的运用。罗国杰教授也认为："道德较多的是指人们之间的道德关系，伦理则较多的是指有关这种关系的道理。"[①]同理，学术规范作为学术人在学术研究活动中必须遵循的规范，这种学术道德规范的制定或产生也非空穴来风、无源之水，学术伦理之理外化在具体的学术道德规则之中，是学术道德规范制定的内在价值依据和逻辑点，其要义在于确定一系列调整、控制人类行为的道德规范。学术伦理作为学术领域的道德哲学，它站在更宏观的高度，有缜密的系统性、层次性和约束力。

学术伦理也是学术道德规范制定的依据和学术道德检验、评判的标准。当今社会，各种思想带着不同的背景、根源交错出现，使学术研究活动中的是非标准界限模糊。什么是符合学术道德的行为？什么是"道德"的学术道德规范？学术道德难以做出回答。学术伦理作为抽离具体学术道德规则的"道"，其具有"超越现有学术道德的时效性，体现了一种客观的自在精神，这既是客观评判标准和依据，也是学术行为规范合理化的内在基础"。[②] 学术伦理表明基本是非立场，既能规范学术人的学术行为，又能张扬学术人的研究潜质、促进学术发展。同时，伦理强调目的性，道德偏向义务规范，学术伦理是学术道德的原初根据和出发点，学术伦理是学术领域中学术人应当遵守的道德规范确立的依据、价值内涵和逻辑起点，学术伦理是学术道德的内核和学术道德客观判断的依据。

但学术伦理的意义不仅仅是学术人在学术活动中应该遵守的学术道德规范，或表现为学术道德制定的价值内涵和逻辑起点，它具有本身的一种"科学的精神特质"，这种"科学的精神特质"是学术伦理的价值核心。它推动着学术对真理的不懈追求，规约着学术人通过自身的学术活动不断"为世界祛魅"，实现学术追求真理的价值导向。

---

① 罗国杰等. 伦理学教程[M]. 北京：中国人民大学出版社，1986.
② 罗志敏."学术伦理"诠释[J].现代大学教育，2012(2).

2.从伦理关系中审视学术伦理的特点

在伦理的概念范畴里,几个关键的词语是"辈分""类""等"(人与人之间的等级秩序),其强调的是关系之理。在我国封建时代最重要的一种形式是家庭伦理,这是与小农经济基础的"家国一致"思想相统一,整个封建王朝就是一个大家庭,里面层级、等级秩序严密而有序,伦理诞生于伦理关系之中。沿着这一思路,学术伦理应该是学术领域中各种关系之理,所以有必要先梳理一下学术领域中导致各种关系产生的学术主体。而对"学术"一词的不同理解,学术主体的构成也呈现区别,"学术"界定的模糊会导致伦理关系也缺乏确定性,先来看看"学术"。

什么是学术?"学术"二字最早见于《史记》,意为学习治国之术,"始尝与苏秦俱事鬼谷先生,学术,苏秦自以不及张仪"①。这种对学术的理解与现代学术的理解不在同一平台上。到了南朝,梁何逊在《赠族人秫陵兄弟诗》中曰:"小子无学术,丁宁困负薪。"宋苏轼在《十八阿罗汉颂》中曰:"梵相奇古,学术渊博。""学术"可指"学问"或"学识",使学术向现代意义的内涵解读上又迈进了一步,渐与现代《辞海》或《词源》中的解释"较为专门、系统的学问"相近。梁启超指出:"学也者,观察事物而发明真理也;术也者,取所发明之真理而致诸用者也。"②这种解读揭示了学术研究探索真理的过程和科技成果应用的问题,某种程度上也体现了我国学术的"经世致用"的特点和传统,并认为两者的关系是"学者术之体,术者学之用。二者如辅车相依而不可离。学而不足以应用于术者,无益之学也;术而不以科学上真理为基础者,欺世误人之术也"③。从上述对学术的定义中,难以得出一个明晰的概念,"学术"只是为学问、学识抑或探索发明真理及其规律的活动,总体感觉不是很全面,但又都有涉足学术的一些特征,或是从横向上指普遍意义上的"学问"与"学识",或是从纵向上理解为一种向前探究的追求学问的活动。学术到底是指什么?其独特性、其领域、其相关研究主体、内涵与外延均没有明确。再看看西方关于"学术"一词的解读,"学术"一词英文词汇为"academic",来源于地名"Academia"。这个词来自雅典郊区的地名"Akademeia",这个地方是学者柏拉图聚众讲学的地方。"Academia"也翻译为"知识的积累",可以认为是西方中世纪大学的原始模型,对应中文应是"学府""学术界"之类的,后来也用来表示高等教育机构。据《牛津高级辞典》中的解释,学术包含三个方面特点:学院或学校的、学者式的、注重理论的。目前,"academic"一般认为是"与学术有关的活动"。

以上是对"学术"一词的中西溯源及其内涵历史沿革的分析,但迄今为止,学术的

① 注:出自《史记·张仪列传》。
② 梁启超.饮冰室合集·文集之二十五[M].北京:中华书局,2003.
③ 梁启超.饮冰室合集·文集之二十五[M].北京:中华书局,2003.

概念还是没有完全定型下来,依然没有一个统一的定义。它基本上包含有几个方面的特征:"学术"产生的领域为高等学府或者更广阔一点与学术研究相关的机构;"学术"研究的内容为科学知识的探究活动;"学术"研究的目的是知识的积累、文化的创新;"学术"的主体该是与一切与"学术活动"的相关者,这个"相关者"广义而言包括从事学术的研究、推广、管理、评价等一切影响学术发展的具有一定知识的学术群体或者机构。这些相关的人、事、机构、活动(学术交流、学术会议等)都对学术的发展、前进有着一定的影响。这种分析的方法呈现出学术主体多元化倾向,正是学术研究主体的多元使学术伦理关系纷繁复杂,各种不同的学术主体代表不同的利益和伦理诉求,促使学术走出完全属于"象牙塔"的存在样态。就像花朵的研究不能忽视根茎叶的研究一样,实质上它们是一个不可分割的整体。但遗憾的是像在欣赏花朵的时候往往不可避免忽视根茎叶一样,对学术主体分类往往只局限在学术直接研究者或称学术人这里,当学术出现一些道德失范问题时,就诊的对象也就只局限在此范围,这自然产生不了良好的效果。总之,本研究认为对学术主体的全面厘清,了解学术主体在学术研究活动中的作用,厘清其内在结构和运行机制,这是明了伦理关系从而界定"关系"之"理"——学术伦理的前提。在此,本研究认为学术是一系列专门的学术主体探索真理、发现真理、寻找社会发展规律的活动和过程。包括所有的参与学术活动的单位、机构或学术研究共同体,"学术活动可以分解为两种不同的类型:一种是'学术研究活动',如学术研究课题的酝酿和提出、学术研究的具体过程、学术讨论的展开和深入、学术成果的言说、发表或出版等;另一种是'非研究性的学术活动',如学术课题的申报和评审、学术成果的鉴定和评奖、学术组织的建立和相应的学术领导机构的诞生等等"①。基于此,学术相关活动的主体大致可为以下几种。

学术人:学术研究者。

学术研究机构:研究机构、学校等高等教育机构或研究团体。

学术评价与管理机构:教育管理机构、科研鉴定机构、编辑部等(体现于科研项目申请、立项,科研成果的鉴定,成果的奖励,学历学位证书的颁发)。

学术交流与传播机构:学术研讨会、学术交流等传播媒介(表现为论文、著作、研究报告等学术成果的交流和传播部门)。

由于这些相关主体在学术领域的存在,使彼此间形成了各种错综复杂的关系,在这些复杂的社会关系中,伦理关系是其中特殊的一种。伦理关系与政治、经济、法律等社会关系不同,它是一种表达"善"的内含伦理权利与伦理义务的"应然"关系,是贯

---

① 俞吾金.也谈学术规范、学术民主与学术自由[J].学术界,2002(3).

穿道德规定的一种价值关系,学术伦理关系体现着学术主体对学术价值的追求。

从上述分析中可以得出:首先,学术伦理是与学术有关的伦理,它反映的是社会特定领域——学术领域的伦理问题,如同金融领域的"金融伦理"、医疗领域的"医疗伦理"、科技领域(从研究的方法和手段角度而言)的"科技伦理"、生态领域的"生态伦理"一样;其次,学术伦理是围绕着学术活动而产生的伦理,是学术研究的相关主体在学术研究、生产、创造、传播、交流和学术成果评价过程中产生的,包含着三个主要方面的内容:具体表现为处理学术领域各种关系的秩序、规范和准则,同时指这种规范、秩序背后的规律和判断的依据,即学术之"道"。学术伦理是学术领域指导学术向善和维持学术领域关系秩序的价值标准和规范,是学术主体在学术研究过程中(即科学知识的生产、交流、传播、评价)应该遵循的内在价值要求,表现为:学术道德规则、规范;学术伦理关系的内在规约之理;学术精神和学术价值观,是学术道德哲学。

第二章　学术伦理的现状调查及结果审视

　　学术伦理作为一个具有丰富内涵的价值体系,是一种贯穿价值规定性的关系之"理",即学术之"道"。它既是一种精神的引领和规约,具有高度的抽象性和逻辑性;同时又是一系列具体的规范和准则,具体指导着学术人或学术活动主体的方向,是一种推动着学术本质彰显的力量。本研究第一章对学术治理方式进行了回顾并提出从学术伦理的层面找寻学术失范的治理路径。本章将对学术伦理的现状做一调查,厘清学术研究领域的伦理状况有益于学术伦理规制的实施。

一、学术伦理的现状调查：学术伦理失范

（一）本研究的学术伦理现状问卷调查

用问卷测量的方法来测量学术伦理、学术伦理价值观问题具有一定的现实可行性。国外很多心理学家均用测量的形式来检测价值观或职业价值观问题，如较有名的塞普尔的工作价值观量表（Work Values Inventory，简称 WVI）、明尼苏达的明尼苏达重要性问卷（Minnesota Importance Questionnaire，简称 MIQ）还有高登的职业价值观量表（Occupational Values Inventory，简称 OVI）等均用测量的方法来反映价值观问题。

学术行为失范是学术主体在错误的伦理价值观指导下，其学术行为脱离了学术伦理关系的指导和制约，违背了基本的学术伦理价值观，从而导致学术主体在学术之"道"上的偏离和对学术道德规则、规范的漠视和破坏。然而，学术伦理的这种紊乱状态无法自我表现出来，需借助于一些非正常的、不端的、异化的学术越轨行为来表征。当然，学术伦理失范的判定并不是指偶尔的、个别的学术越轨行为，只有当学术不端行为上升到一定的界限、超过一定的度，成为一种较为普遍的行为时才可判定为学术伦理失范。

本研究将依据学术伦理的基本内涵和价值特点凝练出几个基本的指数和维度，使学术伦理从高度的抽象状态具体化，通过问卷调查反映学术主体伦理的现状。当然问卷调查或许不能完全精确地反映学术伦理的现状，但在本研究中调查问卷涉及面比较广、调查对象和涉及层次比较多，其结论能在一定程度反映、投射出学术伦理价值观、学术伦理的实际境况。调查对象从机构部门来分，包括各级各类大学（来自北京、天津等发达地区与贵州等欠发达地区的地方院校、省级大学和部属大学）、学术研究机构、学术评价机构；从学历层次来分包括博士研究生、硕士研究生等；从职称上讲有助教、讲师、副教授、教授。发放问卷 500 份，有效回收 402 份（包括电子版）。调查结果如下表所示。

表 2-1　学术伦理状况调查表

在贵校课程中，是否开设有学术规范（诸如论文写作中的引文规范、注释规范等）课程？	有	没有		
	9%	91%		
在贵校的课程中，是否开设有学术道德（包括论文写作中不得抄袭、剽窃和伪造数据等）课程？	有	没有	不知道	
	12%	80%	8%	

续表

在贵校课程中,是否有课程涉及科学精神教育的内容?	有	没有	不知道	
	17%	73%	10%	
就您的视野所及,教师或学生一稿两投的现象是否普遍?	普遍	较普遍	不普遍	不清楚
	48%	20%	18%	14%
贵是否听说过有研究生为社会中的其他人员在各类考试中充当"枪手"?	听说过	没有听说过		
	73%	27%		
您认为伪造实验数据的现象在贵校科研活动中是否存在?	存在	不存在	不知道	
	42%	30%	28%	
在学位论文的实验中,因时间关系,修改数据可以按时毕业,不修改数据则可能无法按时毕业,在此情况下,您会做出何种选择?	修改数据	不修改数据		
	83%	17%		
在平时的学术论文写作过程中,您现在就读学校的研究生或者本科生是否存在抄袭现象?	存在	不存在	不知道	
	79%	8%	13%	
您觉得现在研究生在平时写作过程中是否存在抄袭情况? 如您现在就读学校的学生在平时学术论文写作过程中存在抄袭现象,这种现象是否普遍?	普遍(50%以上)	较普遍	不普遍	
	62%	20%	18%	
您是否听说过教师在科研课题申报中有拔高学历、弄虚作假、伪造资料的情况?	听说过	好像有过	没有听说过	
	50%	26%	24%	
您是否听说过在科研课题申报活动中没有经过对方同意而将其填写为科研成员情况?	听说过	没有听说过		
	42%	58%		
您是否听说过在科研课题申报活动中杜撰参与者的情况?	听说过	没有听说过		
	47%	53%		
就您所知,在职称申报活动中,贵校教师是否存在有拔高、变造、虚拟科研成果的情况?	有	没有	不知道	
	46%	30%	24%	

续表

在职称申报活动中,是否存在有向评委们打招呼之类的走后门现象?	有	没有	不知道	
	30%	22%	48%	
在职称申报活动中,贵校教师是否存在有向评委们行贿的现象?	有	没有	不知道	
	12%	13%	75%	
在职称申报活动中,贵校领导干部是否存在有"近水楼台先得月"的现象?	有	没有	不知道	
	64%	15%	21%	
您是否听说过,在学位点的申报过程中,一些学校运用了行贿手段?	听说过	没有听说过		
	46%	54%		
贵校专家在学术评审活动中能否做到客观公正?	能	不能	有的能,有的不能	不知道
	23%	32%	31%	14%
就贵校的实际情况而言,与普通教师相比,学校干部是否更容易获得校级科研课题?	是	不是	不清楚	
	33%	30%	37%	

问卷结果反映出当前的学术伦理状况有一些问题,违背伦理规范的行为很多,从对内容的理解以及对事情的态度折射出学术伦理价值观混乱,学术伦理水平比较低。

(二)他人调查研究的佐证

有学者认为价值观的测量通过对某种事实甚至是假设做出简单的"是"或"不是""知道"或"不知道""赞成"或"反对"等情感上的判断来判定有简单化倾向,对事物的道德评价往往不是那样简单,易受到具体情境影响。基于此,有学者用"情景故事投射法"①调查,并用 SPSS10.0 统计软件对结果进行分析,得出大学教师整体伦理水平偏低(均值为 2.98,小于 3),学术价值观处于一种混乱状态。其调查结果为:从大学教师的各分项学术价值观来看,除了"独立"价值观比较清晰(均值为 3.44,大于 3,小于或等于 3 的比例为 45%),"理性"(均值为 3.15,小于或等于 3 的比例为 55.8%)和"严谨"(均值为 3.15,小于或等于 3 的比例为 58.0%)稍微大于价值观分界线 3 之外,"创

---

① 注:上海师范大学教师罗志敏老师用"情景故事投射法"来测量学术伦理价值观,即借鉴一些价值观的量表,尤其是在借鉴一些运用情景故事投射法研究价值观的文献的基础上,设计了 5 个分别以"独立""严谨""理性""创新""合作"这些常见的学术价值观为主题的情景小故事及其问题作为刺激材料,以一部分大学教师为调查对象,根据他们的倾向性回答,测量出他们的学术伦理水平及其所反映出的伦理失范根源。

新"（均值为 2.88,小于或等于 3 的比例为 84.3%）和"合作"（均值为 2.28,小于或等于 3 的比例为 86.5%）都低于价值观分界线。①

以上的分析均表明我国的学术伦理现状不太乐观,学术价值观的混乱必然会导致学术越轨现象的发生,目前学术不端治理的方式很多,学术伦理规制无疑提供了一个新的视角。

二、学术伦理失范的表现:学术不端

通过对学术主体的伦理现状调查,可以发现当前学术伦理整体水平较低,学术伦理价值观混乱,导致调节学术不端行为的力度极其不足,这是学术不端行为产生的深层次根源。

(一)学术不端的内涵

我国 20 世纪 80 年代,违反学术研究精神和规范的行为就初露端倪,90 年代之后不正之风愈演愈烈。对于违反学术精神和学术道德的学术不端行为通常有很多种称谓,有的叫科技不端行为,有的叫学术造假或学术越轨,有的认为是学术诚信问题等等,有时干脆称之为学术腐败。但有学者认为学术腐败与利用公共资源或权利获取私利的腐败毕竟不是完全站在同一个意义域的,这样定义有失科学,两者不可混为一谈。英文中学术不良行为通常被称为:"academic misconduct""search misconduct" "academic dishonesty""academic offences"等。那么学术不端其所指究竟为何? 包括哪些基本内容?

1988 年,美国政府的《联邦登记手册》指出"编造、伪造、剽窃或其他在申请课题、实施研究、报告结果中违背科学共同体惯例的行为"均为学术研究不端行为。

1991 年,美国国家科学基金会认为不端行为有:伪造、篡改、剽窃,或其他在计划提出、项目执行和研究结果报告等美国国家科学基金会资助研究活动中严重背离公认惯例的行为;报复那些对可疑或所谓的不端行为进行报道或提供信息的人以及那些没有实施欺诈的人。

1992 年,美国国家科学院在对研究行为的探究中提出三个相关范畴:科研不端行为、可疑的研究实践和其他的不端行为,而学术不端行为主要指在科研课题项目申报、研究项目进行和研究结果报告呈现的过程中出现的伪造、篡改、剽窃等违规行为。

2000 年 12 月 6 日,由白宫总统执行办公室签署的,白宫科技政策办公室修订的

---

① 罗志敏.大学教师学术伦理水平的实证分析[J].高等工程教育研究,2011(4).

《关于研究不端行为的联邦政策》公告在《联邦公报》65 卷第 235 期上，此法案被认为是最具有权威的联邦统一法案，里面详细地对研究不端行为做出解释，即在项目申请、执行、项目评审或研究结果报告中有伪造、篡改和剽窃行为，并且对"伪造""篡改""剽窃"等做了详尽的解读。

德国马普学会在 2000 年 11 月通过《关于提倡良好科学实践和处理涉嫌学术不端案件的指南》。关于不端行为，其强调研究人员不能伪造数据、文件或技术记录，剽窃、强行占有他人成果。并且还制定了具体的处罚措施，诸如解除职位、载入学术记录等。①

我国对于研究不端行为根据制定机构的不同、侧重点的不同在表述上也存有一些差异，比如，2004 年由教育部社会科学委员会通过的《高等学校哲学社会科学研究学术规范（试行）》在学术引文规范中明确提出：伪注、伪造、篡改文献和数据等，属于学术不端行为；在学术成果规范中指出：不得以任何方式抄袭、剽窃或侵吞他人学术成果。2007 年，中国科学院在《中国科学院关于加强科研行为规范建设的意见》中，将不端行为归纳为以下几个方面：有意做出虚假陈述，损害他人著作权，利用他人重要的学术认识、假设、学说或者研究计划，研究成果发表或出版中的不端行为等违背社会道德的行为。②

尽管上述不同国家、不同机构对于"学术不端"的内涵界定各有偏向，但不可否认它们均有着共同基点，即在几个核心词汇"伪造""篡改""剽窃"在这一基本层面上是完全一致的。并且学术不端行为一般强调的是在这几个过程里：项目申请、项目研究过程、项目结果的报告呈现和项目结果评审。在不同的阶段，学术研究主体和产生学术不端行为的呈现方式不同。

首先，在项目申请过程中的"伪造""篡改"等不端行为：伪造各类获奖证书、捏造论文发表数量、虚假陈述等。其次，在学术研究过程中抄袭他人成果、抄袭他人作品；伪造实验数据、制造假的实验记录；窃取他人学术看法、学术思想等。再次，在研究结果的报告呈现上，捏造实验数据或者篡改数据，破坏图片、记录、结果或篡改，直接窃取他人成果等。最后，在研究结果认证、研究报告评审、奖励认定上面，在一些潜在的利益驱使下，相关部门、机构不顾成果本来水平做出虚假的评审结论等。相关主体在不同阶段的学术不端行为的表现如表 2-2 所示。

---

① 注：此内容参照了研究生学术道德规范教育（网址：http://glearning.tju.edu.cn/mod/forum/discuss.php? d=16649）和孟伟.西方发达国家如何应对科研不端行为[J].科技导报,2006(8).

② 中国科学院.中国科学院关于加强科研行为规范建设的意见[EB/OL].http://www.cas.ac.cn/html/Dir/2007/02/26/14/78/72.htm,2007-03-09.

表 2-2　学术不端行为的表现

阶段 学术相关主体	项目申请	研究过程	成果申报	成果评审
学术人	伪造各类获奖证书、捏造论文发表数量，虚假陈述；夸大学术研究能力。	抄袭他人成果、抄袭他人作品；制造假的实验记录；窃取他人学术看法、学术思想。	捏造实验数据或者篡改数据，破坏图片、记录、结果或篡改、直接窃取他人成果。	无端占有他人成果；一稿多投；在他人成果中署名。
学术研究机构	支持伪科研活动；支持虚假研究材料申报。	非学术手段推行学术活动；挪用科研经费；利用科技条件进行有悖科学精神的活动。	支持虚假材料进行成果申报。	乱发文凭、证书；职称评定人情化，乱给职称。
学术管理机构	课题审批轻率、学术资源分配利益化；非学术手段推行学术活动；经费分配。	没有及时跟进、缺乏管理；支持非道德性的研究活动。	为伪科学进行科学鉴定，支持伪科学研究。	没有客观公正地做正确评估；碍于人情、暗箱金钱操作。
学术活动评价	职称评定中的、课题评审中的不公正因素。	出现学霸、学阀现象；学术刊物、研讨会不允许发表争论类文章。	虚假评定研究成果。	没有全面审核，放松论文的审查，发人情稿。
学术不端的目的和后果	学术研究成为获取不正当利益的工具，偏离了学术内在的价值追求，违反科学规范、违反学术管理制度、科学精神（违反学术自由、学术批判精神、科学实事求是精神等）。			

通过对上述学术不端行为的详细分析发现，学术不端在表达方式上和内容层面上有交差重叠的地方，但依然没有一个完全统一的概念，说明无论是在其内涵或者外延方面还是存在一定的差异，但一般均认为剽窃、数据造假、篡改属于违反学术精神和学术规范的行为。违反学术精神和学术规范的不良行为难以获得一个统一的、固定性的定义，从一个方面揭示出学术研究领域的复杂性，其复杂性来自学术研究本身的复杂，也与学术研究环境、背景的复杂性相关。不同的学术研究主体其责任义务、道德要求等均有着差异，不同的学术机构对何为违规行为根据其性质的不同也有不同的要求和分类。并且学术不端行为本身也具有很大的复杂性，如主体本身的目的性、手段的隐蔽性、结果的多重性、原因的多样性、精深的专业性还有查处、防治手段

的艰难性等。基于此,要下一个完全一致的能概括方方面面的概念具有一定的理想性。"美国国家科学基金会和美国国立卫生研究所对于科学中不端行为的规定,除捏造、篡改、剽窃之外,可能还包括现在所接收的研究活动中应该担忧的不合常规行为。"①在这一解读中"担忧的不合常规行为"表明其外延相当广泛,在实际判定中留有相当大的余地。本研究从学术研究本身的复杂性出发,理论上把所有的违背学术研究精神和学术良心,通过学术活动获取不正当利益的行为称之为学术不端。以上述分析思路出发,从广义上来说,学术不端是指在科研项目申请、项目研究过程、项目成果申报、研究成果评审评估以及科研成果传播等整个学术活动中的,学术主体(学术人、科研管理机构、学术机构、学术传播机构)在学术活动中违背科研道德和法律、法规的破坏学术研究正常,导致影响学术发展和阻碍学术创新的行为。在这广义的学术不端范畴里,一切对学术发展有害的行为均归于此。狭义看来,学术不端指学术活动中运用不当手段和工具侵害学术活动,造成极大危害的必须加以阻止的不正常行为,即上述分析的几个典型的不当行为如伪造、剽窃、篡改等行为。

(二)学术不端的类型

美国著名结构功能主义代表罗伯特·K.默顿指出:"不端行为是指明显地背离了与人们的社会地位相关的规范的行为。"该定义中不端行为的构成与两个因素紧密相关:第一,行为的主体;第二,行为主体相对应的社会地位所担负的功能、责任、规范、道义等内容,规范对于不同地位的主体要求、内容也有差别。默顿从不端行为结构和对社会系统的影响来看有两种表现形式:"非遵从行为"和"违规行为"②,这两种违规形式在性质和道德意义上有很大的不同,在学术不端行为研究中主要是指"违规行为"。本研究从此概念引申开去,学术领域不端行为的类型分析也离不开学术主体及其相关活动,并且由于任何不端行为难免有一定的相似表征,本研究只能以学术活动的相关主体为标准对学术不端行为的类别做宏观的梳理和归类,旨在厘清因相关主体不端行为导致责任、义务的缺失,带给学术研究活动的本质偏离和变异。我们也会通过不端行为的分类更好地有针对性地寻找各自相应的解决方法、策略。在第一章里本研究分析认为学术活动的主体分为学术人、学术研究机构、学术传播机构、学术管理机构,下面围绕着这些学术人、机构、部门等的学

---

① [日]山崎茂明.科学家的不端行为——捏造·篡改·剽窃[M].杨舰,程远远等译.北京:清华大学出版社,2005.
② [美]罗伯特·K.默顿.社会研究与社会政策[M].林聚任等译.上海:三联书店,2001.

术不端行为做分析论述。

学术人主体类的不端行为。学术人作为学术活动的一个重要主体,在这里是指在高校、科研机构等所有直接从事学术活动的研究者,包括大学教师、学者、研究生等。他们在学术活动中的不端行为从时间空间上来分主要可以归纳为:研究之前的项目申报、学术活动研究中以及学术活动结束后的成果呈现。在前期的项目申报中学术人的不端行为,包括项目申请的暗箱操作,出现"跑课题""跑项目",以及将研究经费中的几成用作科研立项潜规则的"公关费",造成研究经费申报时虚报或者研究实际过程中经费不足等不端行为。项目申报条件作假,包括伪造各类获奖文件、证书,虚报论文等科研成果,做虚假陈述,伪造申请者信息,夸大学术研究能力等。在学术研究过程中不端为包括剽窃、抄袭他人学术研究成果,将别人的学术研究成果全盘抄袭或部分抄袭据为己有;在实验过程中伪造实验数据、制造假的实验记录,伪造样品,篡改研究数据、捏造性能指标;在引用别人的文献时不注明出处、引用不规范,发表假论文等;行文过程中窃取他人的学术看法、学术思想;研究过程中科研经费混乱,遇到中期考核检查之类,运用科研经费打通方方面面的关系;在项目成果呈现上,如表 2-2 所示捏造实验数据或者篡改数据,破坏图片、记录、结果或篡改、直接窃取他人成果,虚报拔高研究成果等。同时还存在一些隐性的不端行为,比如低水平重复,实际上缺乏研究的价值和意义。据《中华读书报》报道:"八十年代以来,我国出版的各种版本的马克思主义哲学教材已超过 300 种;这数百种教材,出自不同的编者之手,由不同的出版社出版,书名也不尽相同,但编写内容、体系设计、章节顺序、原理以及具体的例子,都大同小异,其中至少有三分之二内容没有超出中国人民大学教授李秀林等主编的《辩证唯物主义和历史唯物主义原理》的范围和水平。"[①]这显然与学术研究的发现新的理论、规律、方法之目的相背离,也无法实现学术研究的创造与创新实质,更抑制了人的潜能的充分发挥,导致国家科研在国际竞争中长期处于弱势。据一组数据统计,作为一个科研大国,我国的学术研究创新能力排名却远远靠后,"2008 世界大学学术排名 500 强"榜单显示:"北京大学、清华大学、浙江大学、上海交通大学等都排在第 201 至 302 的组别里,未能进入世界一流大学之列。研究人员发现这些国内名校排名靠后的主要原因是,虽然学术产出规模很大,但高质量论文比例较低,并缺乏国际级学术大师和

---

① 杨玉圣.为了中国学术共同体的尊严——学术腐败问题答问录[J].社会科学论坛,2001(10).

重大原创成果。"①学术人作为学术活动中的一个重要的角色,他们在科研活动中起着最主要的、关键性的作用,是直接决定学术创新能力的因素,这一块是推动学术创新的主导力量。

作为学术研究机构类的不端行为。学术研究机构其实质本来是以推动学术发展增进知识为目标的,但在当今复杂社会环境下,一些大学或研究机构迫于竞争的压力等伙同或纵容学术人的一些不端行为以带来"集体荣誉"。原铁道部运输局局长张曙光落马后声称有 2000 万的巨款用在前两次的院士参评上,虽然最后以一票之差落选,但这件事情折射出院士评选过程的"黑洞"。对于其学术造假行为中科院组织人员赴铁道部调查,当时的铁道部斩钉截铁予以否认,并为其参评材料作伪证。对某些研究机构、学术部门而言,院士评选不是个人的事情,是单位的大事情。首先能给单位带来极大的荣誉,提高本单位的影响力,同时院士握有很多评审权,能直接影响科研资源的分配走向,对院士所在的单位而言,能在资源分配上大举获利。院士评选也可由本单位推荐,从某种程度而言,使投诉举报的处理往往难以落实、形同虚设。

一些学术研究机构和部门在项目申请过程中对于申请者的材料缺少审查或者明知其材料作假、内容失实也接受、上报。或者相反,某些科研管理部门故意漏报符合申报条件的申报者;或者偷取竞争对手的研究资料、申请方案以便在竞争中处于优势地位等。

作为学术传播机构类的不端行为。学术传播机构主要包括期刊、杂志、出版社等学术媒介,虽然这类机构没有直接参与学术研究与知识生产的过程,但是它们在学术成果的传播、认证等方面起到有重要作用,学术刊物水平层次直接影响成果的鉴定等级。因此学术媒介在学术研究中起有一定的作用、占有一席之地。其不端行为主要表现在对一些理论成果论文、期刊等没有全面审核,放松论文的审查,发人情稿。

作为学术活动管理部门、机构类的不端行为。学术活动管理机构的不端行为主要围绕在学术项目的审批、管理、评估等方面。具体表现在项目审批环节,对课题的审批不严谨,学术资源分配利益化,评审不公,不以课题本身的质量为依据,泄漏评审项目申请书的内容甚至评审人员利用职务之便剽窃申请书的观点或方法去另外申报;在学术项目进行中缺乏管理,没有及时跟进或者中期进行检查往往流于形式;在

---

① 黄辛.世界大学学术排名 500 强公布[EB/OL].http://www.sciencenet.cn/html news /2008/8/210249.html.2010-08-31.

项目成果的评审上面,没有客观公正地做正确评估,或者是碍于人情草率过关、金钱暗箱操作。

三、学术伦理失范的原因审查

从上述对学术不端行为的梳理可知,学术不端延伸到学术领域的方方面面,无论是从深度抑或广度而言均表现为一种强烈的紊乱和失调状态。就其原因而言学术伦理失范表现为学术伦理价值观的错乱等,本节主要从学术主体自我身份的迷失和对伦理关系认知入手,分析导致学术行为跃出伦理关系的边界造成学术伦理失范、做出违背学术伦理行为的原因。下面从两个方面来分析一下学术伦理失范的内在机理,即学术主体自我学术身份的迷失和伦理关系认知的缺失或错位。

(一)自我学术身份的迷失与学术伦理失范

我国自 20 世纪 80 年代以来社会开始转型,"社会转型"不是一个抽象的概念,社会的转型意味着其内在的经济、政治、文化结构的改变和伴随而致的价值观念调整、利益调整、机制转换,以及给社会各界带来的巨大冲击。各领域调整伴随而来的是重新定位、发展、转型,其组织机构、内在机理不断分化与改组,旧有的功能、秩序面临丧失和重建,身份、角色也在重新寻找和定位。学术界也一样面临"主体性"境遇里丧失后的找寻,学术身份认同的冲突和迷失是学术伦理价值观错乱的主要原因和学术伦理失范的主要特征,直接表现为学术不端行为的产生。

1.身份认同的解读

人类一直在做"我是谁"的追问,这是哲学史上的一个永恒的话题。"我是谁？我来自哪里？我去向何方？"作为一个哲学上需要回答的问题,反映的更是人类对自我确定性的一种找寻,因为身份的认同是人类凸显自我和摆脱焦虑的存在之需要。"身份认同"在中文里是分开的两个词,在英语中均为同一个词 identity,词根为 idem,为固定、同一、稳定之意,这与在海德格尔哲学语言中的 identity 相符,与 difference 相对为"主体""同一性""本质"等意。这种身份认同观是基于本质主义身份观的理解,张扬着人的主体性,基于自我、理性、人类精神之特性的固定认同。如著名哲学家笛卡儿所说的"我思故我在""我想,所以我是",这种不为外力影响和改变的思考,是基于一种自我特性的考量。然而随着社会的发展,在多元化的思潮下,人们逐渐认为 identity 不应该是固定不变的,因此把 identity 引入社会、文化层次、性别等层面,赋予其不固定性和杂糅因子。即身份认同不是一个完成的固定的存在,它永不完结,处于生产的不止步的进化、补充等建构过程中。"不要把身份看作已经完成的,然后由新的文化实践加以再现的事实,而应该把身份视作一种'生产',它永不完结,永远处于过程之中,而且总是内在而非外部构成的再现。"①简而言之,固定的身份认同是以文化、种族、阶级或性别等社会性特征作为确定自身身份和属性的依据,而变动的身份认同是基于社会、经济、文化等变迁而不断积累、补充建构的,具有动态组成性。但不管怎么演绎,具体的个体身份的认同总是在两者之间通过对话寻求平衡,同一身份认同凸显个体自我身份的稳定性和固定性,差异身份认同彰显身份的流动性和开放性。但不管怎样,身份的认同总是基于一定的标准,个体或集体总是需要一个标准来确定一个身份,这个身份凝聚着责任或义务,也蕴含权利,它作为个体行为的基础和价值创造的起点。与 identity 联系紧密的一个词是 role,即通常意义的"角色",从社会学研究出发,每个角色在不同的时空里总有着约定俗成的、特定的行为标准和要求,需要接受社会的角色期待和按照每个角色的标准行事。所以身份认同不仅是确定"我是谁"的问题,也要明白"我"的角色期待和定位,从社会意义而言是融合固定身份所强调的权、责、利的统一,解决个体或集体的归属感问题,同时也是个体内在自我场域不断敞开、吸纳、改变与重构的过程,是在个体与社会交往、碰撞、互动中实现对群体身份建构的归属、确认和共识。

2.学术主体身份认同的冲突与伦理危机

身份认同就是回答"我是谁"的问题,成为自我的主体,是"一个人将其他个人或群体的行为方式、态度观念、价值标准等,经由模仿、内化,而使其本人与他人或群体趋于一致的心理历程"②。这种角色身份的自我认同会刺激动机、强化行为和增强意志力,从而表现出与所属身份的伦理责任、义务和权利的同一性,提高伦理认知。并且,对自我身份认知愈强、愈清晰,就愈会积极主动地、愉悦地按照伦理要求和社会角色期待实现自我身份定位,并护卫这种身份的本质要求和维护其内在的纯净性,其中则会产生幸福感、满足感和崇高感以及自我实现。主体的能动性、建构的环境、过程的互动和建构的群体性对身份的认同和建构影响很大,导致身份建构具有动态性和不稳定性,极可能产生身份认同的模糊。身份认同的模糊会导

---

① 罗刚,刘象愚.文化研究读本·文化身份与族裔散居[M].北京:中国社会科学出版社,2000.
② 张春兴.张氏心理学大辞典[Z].上海:上海辞书出版社,1999.

致"自我"的边际模糊和伦理道德观念的摇摆,产生自我冲突、伦理边界不清和伦理危机。也会使个体主体性淡化,自我道德要求趋向多元化和不确定性。对于学术主体而言,其身份冲突主要表现为对内找不到价值的标准和意义,对外找不到归属感。在价值观念上即不知道"我是谁,如何做",也不知道"我要去向哪里"? 为寻求更崇高的价值目标,学术价值观极度混乱从而外化为系列的学术不端行为。学术主体的身份认同冲突具体而言表现为:

其一,学术身份认同建构的失败或者不完整。身份的认同是一种包含着情感、价值观、态度、知识等的移入、成活和生长的过程,即"因认可某种社会规范或期待而将个人思想与之趋向一致并同化于个人行为所产生的心理稳定感、一致感和连续感,是认同主体对'我群'一致性和'他群'差异性的认知、情感和态度的统一"。① 不同学术的身份认同产生不同的角色要求,学术身份认同建构的失败或者不完整导致学术伦理的失范。从事学术研究的个体虽然身在"此域",但完全没有明白、领悟学术的本质及作为一个学术人该追求的价值目标和科学精神。就如有学者所说:"学术研究的门槛太低了,似乎是什么人都可以进来,在专业背景上没有经过一定的训练或者带有深厚的家学渊源,对基本的学术道德规范也缺乏了解。同时,除了专业素养外,在思想、学术道德方面也准备不足,不按学术价值观指导自身的行为,以所谓的学术研究为幌子,通过学术不端行为捞取利益,为博取学者头衔在学术界混淆视听破坏学术行为,完全消解了学术的崇高性,形成不了应有的学术德性。"原铁道部运输局局长张曙光落网之后,招供有 2000 多万巨款用于参加中科院的院士评选活动中,但据悉其参评期间多封信举报其学术造假和学术不精,但最终仅以微弱的一票之差而落选。这样的"学霸"或许于学术界而言总是显性或隐性的存在,这种觊觎学术头衔而无学术之实必然会败坏学术伦理规则,危害学术的发展。

其二,学术主体身份认同的虚假性。一般而言,身份认同存有内外两个基本的维度,身份的认同从内在的角度而言是对自我的一种肯定,对自我价值和意义的一种强调和肯定,强调的是内在深度和意义域;于外而言是强调从社会、环境、机构、制度等"他者"获得对应自我的位置感、存在感和归属感。然而在当今价值观多元的情况下,在学术身份认同呈现多元化倾向而致的不确定性产生多角色冲突、多元化的身份冲突实质掩盖了自我身份定位的虚假性。这种多元性使得追求自我意义

① 杨跃.教师教育者身份认同困境的社会学分析[J].当代教师教育,2011(3).

和价值归属陷入迷离和艰涩的境况,在群体归属上也会质疑归属此群体的合法性和合理性,不愿认真履行"成为他人期待"样子的恰适行动。学术主体的多角色冲突必然会影响学术研究目的的纯净性,行动上必然会违背学术伦理道德的限度而没有愧疚感,是、非、对、错、善、恶的标准也处在不断地游离中。在市场经济的条件下不断地追求利益的最大化,在功利主义的影响下不断地追求"大多数人的最大幸福"使单纯地以探究人类发展规律的学术活动变得复杂化。"经济人"作为一个身份角色和强势话语也进入学术领域,学术被扔进功利场,变成追名逐利的方式和手段,学术也成为一种产业。围绕它产生系列的产业链,有些人因此而成为"学术大款",学术走出象牙塔而变得秽浊不堪。在多种身份角色的指引下,善恶关系的边际不断弱化,学术沦为一种谋生的职业,意义丧失,伦理关系遭受破坏,从而产生大量的学术不端行为。1998 年,北京大学著名教授王铭铭出版《想象的异邦》(上海人民出版社 1998 年版),其中有 10 万字是剽窃过来的,2002 年被揭露出来在整个社会引起轩然大波。然而让人更为震惊的是他的学生认为"自己敬爱的老师遭受恶意攻击",他所教的本科生则讨论要献花安慰老师。这不是一个需要大量学识进行论证的学术难题,这是一个简单的是非判断的问题,从此事中可以看出学术行为的某种紊乱是内在的伦理出了问题。正如有学者认为学术不端"不单单是学术人在行为上和道德上背叛了学术的价值与追求,更多的是其对作为学术人应该遵循的价值规范亦即学术伦理的违反"[1]。

3.身份认同的迷失与学术伦理价值观的模糊

身份认同的关键和核心在于价值观念的认同。身份认同的迷失会使学术价值观的认同处于游离的状态或者态度上处于摇摆的状态,从而使学术价值观无法真正内化为学术主体的一种本身的需要,建构不起一种有生命力的学术伦理价值观,因此学术主体意识不到自我学术身份的价值和意义。在社会多元价值规范的冲击下,学术伦理价值观丧失了使学术主体调节自我行为、做出适合于学术伦理的认同性选择行为的功能。同时,学术身份认同缺乏鲜明的外围背景支撑,即使想找到归属感,也不知归属到哪里,处于一种标准无依、伦理责权不明晰的状态中。

我国自 20 世纪 80 年代以来,伴随着改革开放而来的多元文化价值观冲击着思想界原本单一的底色。我国学术领域受到的波及和影响自然也不例外,社会转型给

---

① 罗志敏.是"学术失范"还是"学术伦理失范"——大学学术治理的困惑与启示[J].现代大学教育,2010(5).

学术研究开辟了一个更广阔的空间。对于学术研究而言,社会转型带给的变化不仅是学术制度规范的重建,某种程度而言是学术规范、规则、制度的新建。伴随学术研究的飞快发展,学术领域自身准备不足,出现学术规范、制度等各方面供给跟不上,各方面应接不暇,出现混乱的状态。学术领域自身的价值观处在探究、发展和形成阶段,对自身的学术德性要求和学术伦理关系的认知不足,因而学术不端现象难以避免。比如 2013 年 11 月 8 日中科院院士王正敏遭其学生举报,称其在院士评选中造假,指控包括:论文数目造假、专著抄袭以及临床实验造假等。其中关于专著造假是指王正敏教授的《耳显微外科》一书中大部分图片都是来自其导师乌果·费绪教授的两本专著内容。事情披露后有评论者认为专著中的这些"瑕疵"是学术界的"原罪",这些不规范是时代的产物,当年没有那么多的规范、制度,所以大家也都是这样子做的。绕开这件事情的性质定位,单从一个方面透露出了我国学术界伦理价值观的错乱。这是特定的历史时期的事情,这种身份认同的迷失源于外在意义的丧失,主体自我身份的构建缺少外在的支撑,信息传递、实质的构建、道义的传承、权责的分担等均未明晰,这种身份认同的迷失会使伦理价值观模糊,外在显现为行为的失调、学术不端的产生。

(二)伦理关系认知的缺失或错位与学术伦理失范

1.伦理关系是一种复杂的社会关系

在人类生活中存有政治关系、经济关系、法律关系等多种社会关系,伦理关系作为一种特殊的关系,有自己的意义域。这种关系与其他关系不同之处在于不是自然的、盲目的或由权威律令强行规定的,但又有无形的力量规约着的关系。"所谓伦理关系,就是在一定自然因素与社会因素的基础上,人与人之间由客观关系和主体意识构成、贯穿应然价值规定的一种相对稳定的社会关系。"[1]这种解读揭示了伦理关系的基本属性:一是存在于人与人的自觉主体之间的客观关系,是一种相对应的即"对象性"存在的关系;二是以"应当如此"的态度和精神贯穿主体间的一种价值规定性的关系,以"善""恶"作为其内在的依据,伦理关系是一种浸透伦理权利和伦理义务的关系。学术伦理关系是以学术研究及其成果运用为中介而产生的各种伦理关系,也是因为学术活动及其产生的成果使学术活动中的相关主体处在同

---

[1] 朱海林.论伦理关系的特殊本质[J].道德与文明,2008(3).

一伦理关系上，因而这种关系具有相应的权、责等规定性。所以学术伦理关系的独特性在于突破了伦理关系中的主体直接"相对"的层面，其中介——学术成果本身的伦理性是学术活动"之善"实现的条件，也只有学术成果合道德性才能得到其对象主体的承认、肯定和认可、信赖。对这种伦理关系的特殊性认识的不足或缺失，自然会导致学术主体的伦理权利和伦理义务感的缺失，其追求的是自身的价值，而忽视了学术本身应有的价值追求，学术伦理失范成为必然之事。学术主体只有把学术研究作为探索人类发展的规律、增进人类知识活动而不是把学术研究作为自我私欲满足的工具才能让学术本真实现，否则会导致学术伦理失范从而导致大规模的学术不端行为的发生。

2.学术伦理关系认知的缺失

学术伦理关系认知缺失的直接不良后果是对学术不端、学术越轨等行为的认知陷入失调和价值模糊之中，对学术不端的价值认识陷入"是非""好坏"等不分的状态之中，造成学术伦理失范，主要表现在以下几方面。

以"错"释"错"的谬误。即以他人的错掩盖自己的错，为自己的错误寻找借口，从而使自己获得一种解脱感和心理平衡，进而更堂而皇之地做出违背学术伦理的事。"谎言说了三次就变成真的"，这并不是指谎言说得超过了三次就真的改变了谎言的性质，而是指从心理上改变了对事情的看法从而影响对事物的判定和做事的方向。在一些高校的周围经常可以看到低价发表论文、核心期刊发表之类的广告，可以说已经堂而皇之、义正词严地冲击着学者们的视线，也冲击着学术人的伦理底线。而有些研究生通过这些不当手段获得学术成果进而获得奖学金或者毕业证书却没有得到相应的惩罚甚至是负面评价，或者一些抄袭出来的论文获得奖励、名誉、金钱上的收益却也没有得到相应的惩罚，反而获得他人的羡慕和尊重。其必然会扭曲学术伦理价值观的标准，影响学术人对学术伦理价值观的坚守，从而从心底认同这种行为，并以此为参照做出很多学术不端行为，并无须为自我的学术不端行为负责而心安理得视为正常。并且此行为传播出来的信息是学术无须辛辛苦苦地熬夜奋战而是可以轻而易举的，这使学术主体自我审视超过内心道德评估的界限，内心不仅对学术不端行为采取认可的态度，而且做起来没有任何内在的道德的冲突或伦理的谴责。这种学术价值观的错乱所导致的学术伦理失范使学术不端行为大行其道，让学术走上一条暗淡之道。

自我安慰式的借口。在很多有着学术不端行为或者同情学术不端行为的一些人的心里,或多或少地都存在着一切不端行为都是被逼无奈下的产物的想法,即对学术不端行为进行阐释、进行自我合理化,寻找理由为自己的错误行为辩护,从而隐瞒自我真实的动机使自己在伦理道德上得到解脱。"当个体无法达到所要追求的目标或遭受挫折时,或者其行为表现不符合当前的社会规范时,通过一些有利于自己的理由来为自己辩解,把他所面临的窘迫处境加以文饰,从而实现隐瞒自己的真实动机或愿望的目的,并最终实现自我解脱的一种心理防卫术。"①这种为自己行为的合理性寻找借口的态度往往是一种隐性的学术伦理价值观扭曲的表现。

---

① 卢愿清,张春娟."坦然"作弊:大学生作弊的道德心理研究[J].黑龙江高教研究,2008(1).

第三章 学术伦理规制的价值依据及目标结构

本章的主要任务是从现实和理论层面上分析学术伦理规制的功能和有用性，即分析学术伦理规制的价值依据，为从伦理层面对学术活动主体进行规制寻找理论、实践层面的合理支撑，也就是分析学术伦理规制的必要性和可能性问题，使学术伦理规制能在基于一定的价值基础上具有其本身的合理性，并挖掘学术伦理规制的现实和理论意义。本章主要从两大部分三个方面进行论述：首先进行学术伦理规制的理论阐释，其次分析学术伦理规制的价值依据，最后，厘清学术伦理规制的目标结构。

学术伦理作为学术主体之间的一种合理的、应然的内在秩序，要求主体对学术领域各个方面关系规则的自觉遵守。但学术研究领域跟其他社会领域一样，是一个对立统一的矛盾运行体，在各自的行动中并不意味着总是践行着其内在的秩序规范，尤其是在目前多元文化的状况下各种价值观念并存，使得学术领域出现大量的学术不端行为，冲击着学术伦理的内在秩序。学术伦理之规制的目标则是整饬学术研究领域的伦理精神，把存在于伦理关系中的规范、原则、要求内化为学术研究领域各个主体的德性、修为，使学术主体遵守学术伦理秩序、践行学术伦理的秩序要求，从认识层面走向践行层面，从规范他律走向自律。通过学术伦理规制使各个道德主体的道德发展走向一个新的生长点和形成道德自主开发能力的内在机制，推动健康、合理、有序的学术伦理建构。这对于增强学术领域的自我调节功能，促进学术研究良性有效地运作，推动学术研究的创新和发展有重要意义。

一、学术伦理规制内涵

马克斯·韦伯曾说过："这个世界上没有哪种伦理能回避一个事实：在无数的情况下，获得'善'的结果，是同一个人付出代价的决心联系在一起的……"[①]这说明伦理效用的发挥、伦理的现实化的条件性，"规制"恰好是一个强有力的、契合学术内在规定性的手段，能推动学术伦理"善"的实现。

（一）规制与伦理规制

规制的诞生是源于市场领域某种程度的"失灵"，即在运转过程中出现了一些问题，需要临时做强制性的调整和规约。当规制的手段延伸到社会其他领域时，其本质性的特征依然没有改变，即面对某一领域"失灵"而采取的强制性的措施、规约。学术伦理的规制显然是因为学术研究领域出现了某种异化而需要做出调整和规约，只是它需要调整、规约的对象是学术伦理。

1.规制

规制最初为经济学的一个词语，始于对经济活动的调控和管理，是规制经济学的一个重要概念。20世纪70年代以来欧美等西方资本主义国家普遍对经济活动进行规制，把规制作为调节经济的一项重要政策，规制于经济领域的运用直接催生一门新的经济学分支学科——规制经济学，并成为它的一个重要概念。很多学者对规制经济学进行大量研究并产生一些规制经济学方面的著作，如卡恩的《规制经济学》，日本学者植草益的《微观规制经济学》等。规制一词来自英文词汇 regulation 或 regulation constraints，我国一些学者曾把 regulation 翻译为调控、管制、调节、控制等，但在对原意的表达上不是很具体到位，后采用日本学者植草益的翻译——规制。西方学者在规制具体的意义域之理解还存有差异，没有一个统一的、固定的、完全一致的概念，日本学者植草益认为规制意为"有规定的管理"或"有法规的制约"[②]，法国经济学者 Mitnick 认为"规制是针对私人行为的公共行政政策，它是从公共利益出发而制定的规则"[③]。我国学者于立、肖兴志认为"规制是指政府对私人经济活动所进行

① ［德］马克斯·韦伯.学术与政治：韦伯的两篇演说［M］.冯克利译.北京：生活·读书·新知 三联书店，2013.
② ［日］植草益.微观规制经济学［M］.朱绍文等译.北京：中国发展出版社，1992.
③ Mitnick，B.M.，The Political Economy of Regulation［M］．NewYork：Colubia University Press，1980.

的某种直接的、行政性的规定和限制"①。还有一些学者诸如曾国安认为"管制是基于公共利益或其他目的依据既有的规则对被管制者的活动进行的限制"②。虽然国内外对于规制的定义存在差异,不完全一致,但从上述概念解读来看,规制有规则和限制、管理两个层面上的归属样态。总结来看其包含两层含义,即既具有名词规则的意思,也拥有限制、管理的动词属性,统两者于一体,所以我们可以从规制的名词性和动词性两方面的属性予以理解。

名词性的规制其特点是针对私人活动的公共行政政策、某种公权组织制定的规则及规范,明确规定相应组织、机构如何做及怎么做的规则和规范。规制运行的前提是规则的制定,有规则才可以用其去规制相应的机构和组织,明确其行动范围和界限。即规制要解决的问题是,由政府制定正式的规则,以明确各组织什么可以做,什么不可以做,如何做,规制者和被规制者相互的权利和职责如何。动词性的规制其特点是名词性的规制的实施及其运用和运行机制,即如日本学者植草益所说的"有规定的管理"或"有法规的制约",对规制对象可直接进行限制性的规范和活动,是一种强制性的约束。在产业组织经济学中,规制是指政府作为规制者运用强制力,通过干预产品价格、投资策略、产品进退市场等手段对某些具有自然垄断、信息不对称的产业的调制活动,协调政府、消费者和生产者之间的关系,使市场处于良性运作之中。所以,动词性的规制保证着名词性的规制实现,同时也只有有关部门名词性的规制的出台才使动词性的规制有章可循,保证其意义的实现。"完整的规制概念既指具有强制力的规则,又指运用这些规则对对象所进行的干预活动及其机制。"③规范与规制的区别也在于,规范强调的是行为的原则、标准,规制则是规范的实践运用,规制是行为的原则、标准与行为之间的桥梁,规范仅体现了规制的名词性属性。规制具有系统性、针对性、强制性、灵活性等,是一种动态的存在。

从规制的这种名词性属性规则和规则实施及运行机制的动词性特点,可以管窥规制内在运行机制的基本理论。首先,规制总体上含有三个基本要素:规制主体即规制者、被规制的对象即被规制者、规制手段。三者的有机结合保证着规制的有效运行,从不同的要素出发,规制的类型各异。从实施的角度来看,规制可分为间接规制

---

① 于立,肖兴志. 产业经济学的学科定位与理论应用[M]. 大连:东北财经大学出版社,2002.
② 曾国安. 管制、政府管制与经济管制[J]. 经济评论,2004(1).
③ 丁瑞莲. 金融发展的伦理规制[M]. 北京:中国金融出版社,2010.

和直接规制,间接规制是通过立法程序的实施而实现;直接规制是通过行政部门的实施而实现。从规制者即规制执行者来看,有政府规制、社会舆论规制、法律规制、行业协会规制等;从被规制者即规制的对象来看,有市场规制、收入分配规制、对社会秩序以及卫生健康等领域的规制等。广义而言的规制包括所有形式的规制,即公共权力组织依据一定程序对私人或社会团体制定的政策、契约并推动实施的激励和约束行为,规定、制约、调节行为主体的边际和界限,由正式规制和非正式规制组成。其中由国家政府部门规定的规制通常称为正式规制即狭义规制,规制手段是一系列的政策法规、契约,规制对象落脚在人们活动的界限,如干什么和不能干什么的规约和惩罚、角色的分工责任等,主要包括政府规制、法律规制。非正式规制是人们在社会生活中无意识形成的、不依据政府等力量实现,以社会习俗、伦理道德推动正式规制的拓展、社会性行为规则,主要包括伦理规制。

2.伦理规制

在规制理论发展的过程中,规制逐渐跃出政治、经济学领域,在人们的社会生活中发挥着越来越大的作用和影响,其不断地被赋予新的意义和内涵。伦理规制成为其演进过程中的一个必然产物,发挥越来越大的功能有着特定的原因。下面就如下几个范畴分析伦理规制的特点。

社会规制是社会规制主体凭借拥有的权力和社会资源,通过一定的调控方式对社会其他成员或者主体产生影响、支配的制度性手段。伦理规制作为社会规制的一个基本类型,其具有规制的强制力属性,是伦理范畴的强制力规则、实施活动和一定的运行机制之统一。伦理规制作为规制的一个类型,其必然具备规制的基本要素特征,即"规则""实施及其运用和运行机制"。伦理规制虽属于社会规制的一种,但伦理规制毕竟也不等同于社会规制,其独特性在于规制主体来自社会各阶层、各领域,通过有形的或无形的、自律或他律的力量使社会成员、组织、机构内化各自相应的道德规范,履行伦理道德义务或违反伦理道德时的一种惩罚。伦理的规制除了以外在的社会约束为保障外,对于伦理主体而言,伦理的规制的实现更是要以伦理理念和精神为基础通过多种形式迫使相关人履行伦理义务,内化道德价值规范,提升道德境界,从而彰显道德自律,最终在二者统一的基础上实现对行为主体进行规制的目的。伦理规制也与一定社会制度关联紧密,实为一定社会运作的基本底线机理,是法律、政治等规制效力的内生层面的保证。某种意义而言,伦理规制的强制力更大,伦理规制有来自内外两方面的约束力量。

伦理规制是自律和他律的统一,黑格尔对伦理的解释基于一定的高度,他的《法哲学原理》一书中将伦理定义为"自由的理念"①。伦理作为协调关系之道理,体现为一系列的客观规范和价值原则,不依赖于任何个人、团体、组织机构的兴趣、意见或偏好而存在,具有相当程度的客观性。同时,如黑格尔的"伦理"指出,伦理的规范、规则甚至它的客观必然性的把握需要诉诸主体的自由意志,激发起内心的良知,调动其内在的德性作为支撑,这离不开主体德性的基础条件。伦理的规制是需要其内心道义的"自律"和外在相关因素的"他律"结合。

内在的约束力来自伦理规范的行为主体的自律。伦理理念、规则、规范不同于纯粹的道德规范,其不仅仅是一系列内在的规范准则或纯粹的信念,而是伦理精神、理念的具体化。其价值诉求为一种"应然"的社会秩序、"应然"的行为模式和"应然"的人群生存样态。伦理作为一种关系之理,根植在各种伦理实体的社会关系之中,其不仅具有一种内在的本身约束力,也具有持久、恒远的外在约束力。其内在性约束主要表现为外化在协调社会关系之理的伦理规则、理念、规范,凝聚了特定历史阶段人类的共同信念、思想求索和价值追求。伦理主体相互认同并自觉遵守,使这种外在的规则、规范、伦理行为能顺利转化为伦理主体的自觉要求。伦理主体在自我伦理动机的指引下凭借伦理主体的道德意志使自身的行为规范符合道德要求和目标,即伦理精神通过主体的自律而发生作用和产生效果,至伦理规制的实现,这表现为伦理主体的自我伦理修养,是伦理规制效力产生的内部动因。

外在的约束来自社会对行为主体的他律。伦理规则或规范对于具体的个体而言,由于单独的道德个体的接受和理解力不同或者出于一定的利益关系,个体德性并未达至一定的社会道德、风尚的高度,所以对个体的行为主体的规约仍然需要外在的强制,伦理规制依然没有脱离社会强制的他律的外在性特征。"它通过家庭伦理的控制、行业规范的遵从、团体纪律的约束、社会舆论的压力、政治经济法律方面的奖惩等来发挥它对社会成员的约束作用。"②简而言之,伦理规制是"具有社会强制力的伦

---

① [德]黑格尔.法哲学原理[M].范扬,张企泰译.北京:商务印书馆,1961.
② 战颖.中国金融市场的利益冲突与伦理规制[M].北京:人民出版社,2005.

规矩"①,包含系列操作机构、纪律调查、处罚方式等强制性措施及运行机制,是伦理道德规范的制度化走向。即伦理规则、规范在国家权力机构、法律等支撑下,伦理规范变成法律规制,使其本身具有一定程度的强制力,同时也可以据社会其他人们所认可的规则、舆论产生一定的强制力促使伦理规制手段的实现。"伦理规制就是制度化了的道德规范,它能够赋予道德规范一定的他律性效力。伦理规制的突出特点是它能够给违背伦理规范者带来麻烦、经济成本和污点惩罚,使没有达到法律惩罚程度的恶也能够被惩治,给遵守道德规范者带来公平感。"②但它与法律惩戒有着一定的区分,从权力主体来看,法律来自国家机构,是为维护国家统治而定,伦理规制的效力是社会权利范畴,伦理能够规制一些没有达到法律惩戒程度却于社会领域中存在的恶,法律维护的是社会稳定而伦理规制的是社会道德水准。伦理规制的目标不是惩戒行为主体的伦理失范行为,其最终和最后的旨归在于实现整饬相关社会领域的伦理秩序,实现人伦之"理"的良好境遇。伦理规制在解决问题的思考上在外侧重于个体道德的弘扬,向内主张公共伦理的内化,内外的统一推进伦理秩序的合理建构。

(二)学术伦理规制

通过对伦理规制的解读,对学术伦理规制可能有一个宏观层面的理解,我们可简单理解其为学术领域的伦理规制,这样显得非常简明扼要,但也略显得有点粗糙并窄化了学术伦理规制丰富的、动态的内涵。在社会发展的车轮中,社会领域不断拓宽,科技的发展延伸着人们生活的宽度和长度,也让人类不断地从模糊状态走向清晰领域,不断衍生新的社会领域和随之而生更多、更复杂的社会、人际关系,伦理作为协调人们关系的内在依据相伴相生、不可避免。严格的、现代意义的学术研究也伴随现代科技而生,在此领域古人没有提供给后人丰富的道德资源。但不可否认,没有规制的学术伦理规范、原则不会具有生命力,某种程度而言或许只是一堆抽象的价值符号、没有约束力的伦理理念。学术伦理规制是提升学术研究相关主体的伦理水平以及内化伦理规范的行为机制。

1.学术伦理规制的概念

在论述规制概念时,分析规制有包括名词性的规则、规范,同时也具有动词性的

① 战颖.中国金融市场的利益冲突与伦理规制[M].北京:人民出版社,2005.
② 韦正翔.金融伦理的研究视角——来自《金融领域中的伦理冲突》的启示[J].管理世界,2002(8).

意思,即规则、规范的实施和运用的内在机理。学术伦理作为调节学术活动的一种内在的价值依据和尺度,规制是促使其走向现实的途径之一。某种程度而言,没有现实性的学术伦理归根到底不过是一些抽象的价值符号,要使学术伦理从抽象性伦理理念在具体的伦理困惑中具有解释力,使学术伦理内化为学术人内在的伦理行为机理,在实践中发挥较强的约束力,规制伦理无疑是面临的一种选择,昭示着其现实性的必然走向。本研究试图从三个方面入手解析学术伦理规制的内涵与外延。

学术伦理规制是规制理论中的一类,它属于社会规制的范畴。顾名思义,学术伦理规制是学术领域实施的一种规制形式,从伦理层面对与学术活动相关的主体的行为进行规制。学术伦理规制主要是对学术人的行为进行调控和限制,与其他诸如经济规制、法律规制在内涵上有着本质的区别。但作为规制,它显然具有规制的基本属性和特征:规则、规范和规则的实施和其内在的运行机理,是面对社会某个领域运行失灵而采取的措施。学术伦理规制是面对学术领域某种程度上的伦理失范而进行的规制,是学术伦理在学术活动中的制度化和程序化,是学术伦理规范内化到学术活动相关的主体,并通过学术伦理的制度化对相关主体的学术活动进行限制和矫正,从而实现对学术活动管理的一种措施。

2.学术伦理规制的特性

伦理的本源为"善"的意志体系,以道德的规范体系为具体的外化形式,但就如"一切道德体系都在教诲向别人行善……但问题在于如何做到这一点。光有良好的愿望是不够的"①,这表达了道德规范内在的、不可避免的一种软弱性。规制作为一种具有强制力的手段和方式,是"良好的愿望"的现实性之保证。学术伦理一旦走向强制性的解读视域里,难免容易混淆其与法律、法律规制的界限,容易混淆两者本来的意义域,甚至产生伦理道德规则、规范法制化倾向或者等同于法律规制。如若这样,学术伦理规制的独立性何在?研究的意义又何在?伦理规制与法律等其他社会性规制有着一定的区别,它有着自己独有的特性。下面首先从学术伦理规制与法律等其他规制的区别中阐释学术伦理规制的特性。

首先,学术伦理规制与法律规制的"似"与"非"。"规制"的运行具有基本的三个要素:规制者、规制手段或方式、规制对象。从此概念出发,学术伦理规制的规制者即

---

① [英]F.A.哈耶克.致命的自负[M].冯克利,胡晋华译.北京:中国社会科学出版社,2000.

规制主体应该是学术活动的相关管理者,从学术活动主体的多样性出发,规制的主体也具有多样性特征,但从"规制力"的源头找去该为相关学术管理机构(诸如学术管理行政部门、研究机构、学术委员会等)。规制的对象应该为学术活动的主体(前面已有关于学术主体的详细分析)尤其是学术人即学者。规制的手段和方式有价值引导、组织建构、制度保证甚至在必要时借助法律的惩罚手段制止学术伦理失范行为。"伦理规制是制度化了的道德规范,它能够赋予道德规范一定的他律性效力。"①规制的目标是针对学术研究领域的学术伦理失范现象,维护学术界的道德水准,实现伦理的重建。"伦理规制的突出特点是它能够给违背伦理规范者带来麻烦、经济成本和污点惩罚,使没有达到法律惩罚程度的恶也能够被惩治,给遵守道德规范者带来公平感。"②学术伦理规制是解决学术领域中广泛存在的没有达到法律惩戒的不同程度的"恶",学术伦理规制的最终目的是要增强学术主体的伦理意识,提高自身的学术伦理水准,提升学术伦理境界,发挥伦理的协调、导向能力,从而规范学术人及相关学术主体的学术行为,使学术活动处于良性的发展之中,实现并推动学术发展和创新。法律规制以经济、社会其他领域的活动为载体,诸如会计、食品安全、公共权力、能源规划等具体行业出现一定"出轨"运作不能情况下可以进行法律规制,规制对象范畴很广,可以涵涉社会各个领域。根据行业的不同,法律规制的主体稍有差异,但法律规制一般由国家立法机构或者政府有关部门制定。法律规制的手段是法律规范、法律,通过国家有关机构强制力发生效力。法律规制的目的与伦理规制有着角度的不同,法律规制的目标在于解决相关利益主体间的矛盾冲突,从而维护社会的稳定、政治的稳定。法律规制是法律法规的强制性推行,明确告诉相关主体什么可以做什么不可以做,否则会受到严厉的惩罚,伦理道德往往强调的是什么应该做什么不应该做。但任何社会的法律总是基于一定的道德价值观,逻辑上道德是先于法律的,就如奥古斯汀所说:"法律就是正义。"③亚里士多德在《政治学》中也说:"法律的实际意义却应该是促成全邦人民都能进行正义和善德的制度。"④通常学术伦理规制在规制层次要求上是高于法律规制要求的。

---

① 韦正翔.金融伦理的研究视角——来自《金融领域中的伦理冲突》的启示[J].管理世界,2002(8)
② 韦正翔.金融伦理的研究视角——来自《金融领域中的伦理冲突》的启示[J].管理世界,2002(8)
③ [古罗马]奥古斯丁.忏悔录[M].周士良译.北京:商务印书馆,1963.
④ [古希腊]亚里士多德.政治学[M].吴寿彭译.北京:商务印书馆,1981.

其次,学术伦理规制与其他学术规制的"似"与"非"。面对学术道德的失范,社会各界分别从法律、制度、技术、道德规范等角度寻找解决的路径,虽在一定程度上起到了遏制作用,但均遭到强烈的反弹,没有收到理想的矫正学术不正之风的效果。规矩越定越多,效果也越来越不好,"在当前中国学术界,即使制定再多的学术规范,学术不轨的行为也不能得到遏止"①。本研究认为学术作为一项价值性创造活动,本身具有独特的运行规律,找到其内在的本质性的制约点才是关键之所在。学术研究的独特性在于学术研究者必须秉承自由研讨的态度,自由是学术人自主进行科学探究研发的基础,真理本身具有的权威性要求研究者需以独立、自由的精神作为指导,真正的研究者是被一种追求知识的热望所推动而决不受其他欲望推动。也就是说,学术正常的行进规律是"自由",即学术研究者只有具备"只忠于学科,忠于知识,忠于真理,他可以不依附于一个国家,也可以不依附于一个组织"②的态度,才能彰显学术的本质。于是学术研究也因此具有相当程度的专业性,"由于现代知识的专业化、专门化、专家化和专利化,以及由此带来的技术应用知识对现代知识社会的宰制,道德伦理问题越来越多地表现为专门的行为技术问题"③。专业性程度越高,对外表现的封闭性越强,外在影响难以进入,无法分析其内在的运行机理和评判其中学术邻域的是与非。一些学术道德问题内含大量的专业技术难度,这对学术道德失范行为的治理方式提出了一定的要求。所以学术研究者自身的学术追求和社会责任感、学术正义等学术伦理意识构成了学术生涯的生命线,其伦理自律才是控制学术异化之关键所在。

所以有关部门对于学术道德失范行为无论是从哪个角度制定规则,首要的一点是要认清学术研究、学术领域其独特的和内在的规律,否则不仅难以收到预期效果,还会干扰学术本身的发展秩序和规律,遏制学术创新和发展。学术不端外在的表现是"伪造数据""作假""剽窃"等,其内在的目的不过是把"学术"当作获取功名利禄的工具和敲门砖,获取不正当的利益。这种外在的不端行为不过是内在学术价值偏离的表现,是学术人内在品质的偏离,是对学术价值的背叛,是学术伦理的失范。重建学术相关主体的学术道德价值观,是拯救学术伦理失范之关键。在道

---

① 阎光才.高校学术失范现象的动因与防范机制分析[J].高等教育研究,2009(2).
② 李志峰,沈红.论学术职业的本质属性——高校教师从事的是一种学术职业[J].武汉理工大学学报(社会科学版),2007(6).
③ 战颖.中国金融市场的利益冲突与伦理规制[M].北京:人民出版社,2005.

德理论模式探索中不管是价值澄清模式抑或道德认知模式,其中一个突出的共同点就是在道德冲突中,价值观在道德选择中具有关键性的意义,从道德内化的心理机制而言,价值观是道德发展中最关键的因素,是推动"德行"(道德认知、道德情感、道德意志、道德行为)走向"德性"的动力。学术伦理规制作为一项价值性的规制,在这一点上其正击中学术道德不端行为的要害,对学术伦理失范行为有良好的矫正作用。正确的、明晰的学术价值观不仅可以很好地排解来自本身内外的伦理冲突,也可以更好地提高个体处理道德问题和分辨社会问题的能力。学术伦理规制既有内化学术价值观的特征,也有一定的外在强制的推动力。当一些符合伦理关系的外在价值规范和要求被学术共同体认可和赞成时,学术伦理规制还可以以其本身的外在强制力加深学术共同体的内化成为学术主体的共鸣,形成良好的研究氛围,矫正学术不端行为,激发学术创造力,推动学术创新。学术伦理规制的价值性规制特征无疑更好地照应了学术伦理失范的特征。

3.学术伦理规制的运作机理

通过上述分析,学术伦理规制作为一种具有强力的学术道德失范的治理模式,可以对学术伦理失范进行规制,其具体的运行机理和框架如何,它的规约作用实现方式为何,将在本结稍做分析。

学术伦理规制的对象是学术领域的伦理失范行为,为便于掌握理解,上文把伦理规制的结构层次分为两方面:外在的伦理规制与内在的伦理规制。从各自企图达到的目标出发,伦理规制在总的目标指导下具体的内容要求略有不同,一方面表现为外在的规则、规范,一方面表现为内在的学术伦理意识、伦理价值观的形成,这种分析只是便于理解,两者实为相辅相成不可分割的统一体。对于学术伦理规制而言,首先要确立符合学术伦理的规范、规则,通过(学术相关主体)对这些规范、规则的内化,形成一定的学术伦理意识,从而返回外化为相应的符合学术伦理的道德行为,提高自身对非道德行为的免疫力,从而提升学术主体的创新精神。显然,伦理规制框架应做好两个层面的准备工作:伦理规制的理论准备、伦理规制实施的准备。

伦理规制的理论准备。伦理价值观的树立,唤醒相关学术主体的伦理自觉意识是规制有效性的前提准备。伦理价值观能正确地指引学术人处理个体本身的伦理冲突,学术人这一重要的学术主体的伦理修养是学术伦理价值观形成的主轴。

伦理价值观的形成也同样是协调学术领域其他主体的伦理冲突的关键。学术主体的伦理价值观是学术伦理从"应然"要求走向"实然"状态的关键,是学术伦理效力实现的前提。学术伦理价值观的形成过程是学术主体对外部的德性接受、认同的一个内化过程,学术主体通过内化伦理规范、精神从而调节自我的学术行为符合学术伦理关系之理。因此,学术伦理规制要通过一定的外力(学术伦理本身也有一定的约束力)激发起学术主体的伦理动机,形成伦理情感,从而产生一种自我伦理要求的需要,使伦理基本价值观在学术主体的伦理意识中得以生成和构建,使学术伦理价值观与学术主体的价值观产生共鸣,不断在冲撞中契合,直到具有较强稳定性的符合学术伦理关系的意识、伦理观念的形成和建立。学术主体的伦理价值观的建立并不是伦理规制的最终目标,伦理规制的最终目标是学术伦理价值观能够也必须指导学术主体在学术活动中的作为,使一切学术活动均在学术伦理的要求中有序进行。伦理价值观是人的价值观中的一部分,是属于精神理念部分,伦理化为实践还是存有一定的距离。所以,伦理规制的有效性最终取决于如何使学术伦理价值观在实践中实现。

伦理规制实施的准备。学术伦理主体形成了符合学术伦理关系的伦理价值观是完成了学术伦理规制的重要一步,这种伦理价值观真正发挥其处理伦理关系的指导作用还有一个实践运用的过程。伦理道德是一个确定的范畴,但是在某种程度上而言它又具有很大的不确定性,不同时代、不同地域道德标准具有一定的差异,在罗素看来,不同民族都有自己不同的道德准则;而在功利主义看来,"最大多数人的最大幸福"则是道德的行为,在不同流派的哲学家们眼中"至善"的标准不是同一的。同时,尽管学术伦理道德在同一国家、民族趋同,但由于个体道德认知水平的差异、教育水平和环境背景的不同等变量因素的存在使学术伦理规制在具体操作上也不是一成不变的固态。现从学术活动实践中相关主体面临的伦理问题进行伦理分析,厘清影响学术伦理价值观形成的变量,组织成一定的程序,通过伦理决策建立起一种道德秩序。

学术伦理规制过程中出现的变量会严重影响规制效果,对于变量,在应用伦理学看来分为个体变量和情景变量两部分,个体变量的识别包括道德发展的认知水平、场所控制、教育水平;情景变量主要涵盖工作背景、组织文化、外部环境影响。

于学术研究领域而言,基本的变量为参与学术活动的学术个体、学术主体之间的关系场景以及整个外在的学术研究环境。首先,对于学术个体来说变量主要表现在:学术素养、年龄、价值观、专业依赖、个体道德成熟度、场所控制等,这些因素对个体的伦理决策、行为产生很大的作用。比如说个体专业依赖性可以通过专业技能辨识问题,解决伦理问题上的模糊性,外部场所控制的人容易受到外在的影响,而内部场所控制的个体对于伦理问题的解决具有主动性。个体道德是处于不断发展的过程中,科尔伯格很好地论述了道德发展水平的几个阶段,个体道德发展的成熟度影响学术人在伦理两难中的选择。其次,学术主体间的关系场景变量主要体现为学术活动的工作背景,指学术共同体(学术人、学术研究机构、学术传播机构)之间的影响、运作能力以及相应的学术期望;学术机构本身内在的氛围、学术定位、奖惩机制、组织管理方式等。外在的学术研究环境变量是指学术研究活动是处于整个的社会大环境之中,外在环境的复杂使伦理的规制过程变得较为复杂,其包括社会整体的文化风气、社会规范、对家庭和个体的态度(个体道德行为的激烈因素)等。其中社会整体的文化风气决定着整个学术研究的道德氛围,决定学术研究的基调;社会上的一些规范和制度对学术研究也有很强的影响作用,比如学术的评审制度、项目申报制度等影响学术研究的基本走向;对个体和家庭的态度也影响着对学术道德问题的解释,是激励或阻碍学术研究的力量 。在学术伦理规制过程中,需充分分析诸多变量所形成的规制过程的动态性和不稳定性,一般而言,学术伦理规制的关键要素有:(1)学术伦理价值观;(2)学术相关主体;(3)规范与策略;(4)学术行为。

学术伦理规制的实际操作过程如下:(1)确定行为目标;(2)分析过程中可能出现的问题;(3)找出变量;(4)分析变量可能导致的不同伦理奉献与结果;(5)对规制策略进行伦理评估;(6)通过评估的可能性分析;(7)通过伦理评估,规制成功,没有通过则重新决策,进入下一轮循环。具体情况如图 3-1。

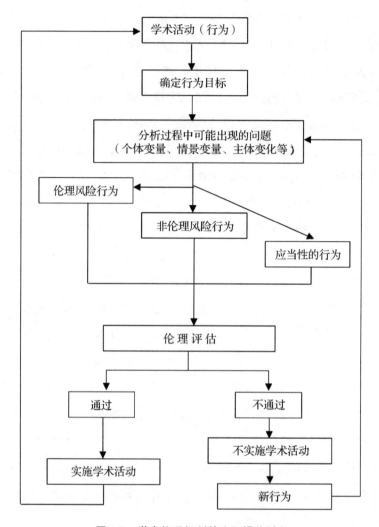

图 3-1　学术伦理规制的实际操作过程

　　通过学术伦理评估的学术行为则可以进入实践操作领域，没有经过学术伦理评估的行为需确定新的行为，进入下一轮学术伦理评估。

　　学术伦理永远无法偏离"伦理"作为关系之理的内在规定性，它既内含有学术个体的道德品性，也外化有对学术相关主体的约束力，体现的是对学术伦理关系的一种维护。相应学术伦理规制也需从两方面进行：首先确定学术主体内在的伦理价值规范，是每一从事学术活动的主体该秉持的核心价值观念，这是学术伦理规制的前提和基础。学术伦理规制的基本任务是要树立一套体现符合学术伦理关系的价值体系。同时学术伦理规制还需要建立一套与伦理价值规范相匹配的伦理规范和方法体系，这是学术伦理规制实施的基本保障，两者内外结合、相辅相成，促使学术伦理良好秩序的实现。

二、学术伦理规制的价值依据

学术不端行为的追问一般认为是社会环境的影响、利益的驱动、管理的问题、制度的问题、学术道德规范规约的无力等问题而致，有社会、制度、管理的等多方面的原因。这种对"学术不端"的原因追溯，总是把目光放在学术研究的外围即外在环境影响的追究上。一个事情总是处于特定的环境之中，它不能脱离环境而独立存在，身处其中受到影响则是必然，这种典型的分析思路具有合理性，符合社会存在决定社会意识的理论。但我们都知道，外在的环境为我们行为的开展提供了一个背景和平台，人是唯一具有主观能动性的生物，没有内在的价值意识、理念的支撑，行动总会缺少动力，也会严重影响制度、管理等方式的有效性。尤其对于学术研究领域而言，里面有太多自由且外在监督不到的空间，学术人自身的伦理觉悟和要求就显得尤为重要和必需了。同时，作为一个学术共同体的一个重要分子，学术人从维护自身存在的需要和价值出发，也需要维护伦理关系所内定的限制和秩序。至此，学术伦理规制作为一种学术不端等学术失范行为的治理手段就显得尤为必要，这是从伦理层面对学术研究主体进行规制的价值基础，学术伦理规制的价值依据可从理论和现实两方面体现。

（一）学术伦理规制的理论依据

1.学术伦理规制是一种价值内化性规制

学术失范的实质是学术伦理的失范，是对学术立足之根本的背叛，是学术不端者对学术价值和追求的背叛，其行为偏离了学术主体应有的品质和道义，表现为学术不端。学术伦理失范源于学术伦理意识缺失，是学术伦理价值观的紊乱和失范，而学术伦理规制则是以内化学术价值观、矫正学术道德失范为特征的价值性规制。价值观在提升学术伦理水平、形成伦理意识、维护伦理秩序方面有着重要作用。价值澄清德育模式、道德认知发展等一些著名的德育发展理论均强调价值观在道德冲突、解决"道德两难"、形成伦理意识中具有重要的作用。基于一定价值观的伦理内化需先构造一个清晰的价值观，学术主体应对伦理基本价值规范、原则、理念基于充分理解、把握基础上的价值内化，然后将经内化而凝结成的伦理原则作为指导处理道德问题、社会问题、生活中情感冲突的能力。伦理要求、规范、原则成为自我行动指导的、自愿遵循的义务，其行为的动机是获得自我奖赏、心理上的安逸和对伦理行为的满足感，其伦理行为会遏制不正当利益的获取，调整伦理秩序，形成一种伦理机制。伦理机制使道德原则摆脱具体的道德情景成为高于一切的、其他一切需服从的、适用于一切道德情境的原则。学术伦理规制使学术研究主体内化来自学术研究主体达成共识的、顺应学术伦理关系的学术伦理价值观。这种指导个人学术行为的伦理价值规范和原则内化后,则会成为学术主体稳定的追求学术的信念并指导学术行为,促进学术的发展和创新,并推动学术不断向"善"。

同时,就伦理意识而言,伦理意识总是从学术主体所处的社会关系中获取,再与他周遭的社会关系中获得伦理理念,因此学术伦理产生于学术活动之中,与学术研究关系密切。学术伦理作为一种社会意识形态反映着学术研究活动的要求,是学术研究本身的一种内在的规定性。科技以前所未有的凌厉的速度推动人类社会向前发展,成为人类生活的一个重要的组成部分,也使学术研究走出了狭小的空间成为推动经济发展的一个重要组成部分和关键词。马克思说过:"固定资本的发展表明,一般社会知识,已经在多么大的程度上变成了直接的生产力。"①邓小平同志曾经说过:"科技是第一生产力。"这使学术研究活动的主体也不可避免具有"经济人"的特性。学术研究在现代社会已不再是单纯地作为一项增进人类知识的探究活动,其内在结构也有着相应的调动与改组,研究动机、研究过程、研究产品的运用等随之具有相对的复杂性。如某些学者提出的"学术资本化",从中就可以窥豹一斑。学术主体在学术活动中产生矛盾与冲突,也形成一定复杂的社会关系,伦理道德意识需进入这些学术活动的主体,唤醒他们伦理道德意识,形成伦理道德价值观,以规范和约束自我的行为、整饬学术不端。

学术伦理规制作为一种价值性内化规制,无疑更适合于对伦理失范行为的矫正,从源头上通过价值观内化对学术伦理进行规制无疑可以增强学术的公信力和创新力。

2.学术伦理规制契合学术活动的内在特点

本研究认为从伦理层面对学术主体进行规制是一种较适合学术研究规律的学术治理之路,其原因在于学术伦理规制更切合学术活动的特点,因而拥有比一般学术治理更为有效的规约力。

首先,学术伦理规制是对学术伦理失范的一种回应,学术伦理规制的价值在于其存在的必要是可以有效遏制学术不端行为。屡屡不断的学术不端行为以及如前言所

---

① [德]马克思.资本论:第3卷[M].朱登译.北京:人民出版社,2004.

分析到的法律、制度、道德规范以及技术上等方式无法有效地遏制学术不端行为，其治理过程中的困惑已引起人们的反思，使越来越多的人意识到学术治理的手段应该是源自学术发展自身的诉求、学术发展的内在规律和对学术不端实质的切实性把握，否则不仅不能实现原初的愿望，反而导致外在权力对学术自由的"侵犯"。学术不端的实质并不仅是如表面看到的学术造假、抄袭、剽窃等失范行为，也包括低水平重复、钻研精神不足、经济追逐为主社会贡献意识不足等缺乏学术创新意识的行为，以及以学历学位证明、科研项目、发明专利等为媒介赚取不正当利益的行为。如前所分析，学术失范的实质，是对学术立足之根本的背叛，是学术主体对学术价值和追求的背叛，其行为偏离了学术主体应有的品质和道义，是对应遵循的学术伦理关系和价值关系规范的破坏，其实质是学术伦理意识缺位而导致的学术伦理的失范。学术伦理失范破坏了学术的发展，阻碍了学术的创新，增强学术治理的路径、制止学术不端行为需矫正学术主体的学术伦理价值观，加强学术主体的学术伦理意识，提高其在学术活动中的自我纠错能力和自我约束习惯，从而推动学术的发展和创新。对学术主体从伦理层面进行规制是回应学术伦理失范现状的需求。

其次，学术伦理规制与学术活动的特点和运作规律相呼应。学术研究是一种人类独有的创造性的实践活动，是人类有意识的、渗透着学术研究者情感和智慧的精神性生产活动。它是对客观世界认识、反映和探索的过程，是以客观世界为对象的探索过程，是学术研究者自由地创造观念性精神产品的生产性劳动。其生产过程和劳动产品与一般的商品生产过程有着一定的差异，具有其独特的运作规律。就如费希特所说："对于学术研究者而言他们宿命地隶属于一种跨越时空的理智共同体。"①具体就学术活动而言，学术创造活动的主体是学术研究者（其他学术研究等机构的学术研究活动最后总是要落实到学术研究者身上）等脑力劳动者，其探讨的对象是社会、自然、精神思维等现象的本质和运行发展规律，其劳动成果的表现形式是系统化的理论、艺术作品、学说或者报告、艺术作品等。成果往往凝聚着学术研究者的思想、思考以及新颖的观点或者看法和独特的研究视角、严谨的逻辑构思等，这些东西往往难以量化和评价。同时，学术活动具有很大的私人性、主观性和不确定性的特点，学术研究依赖于一定的外围环境，也会受限于一定的科研体制，但不管怎么样，学术研究最终落实到学术人上，需要以学术研究者的专业知识

---

① ［德］费希特.费希特著作选集［M］.梁志学译.北京：商务印书馆，2000.

为基础发挥其想象力和创造力以及坚持不懈的意志力,其性格特点、生活现状、个体学术水平等往往是影响学术成果的关键因素。这种劳动的特点注定学术研究具有很大、较强的自主性,也显示出学术研究活动不同于一般生产活动的独有特点。其较强的专业性特征,也会排斥其他因素的入内或者其他因素也无法入内,导致一定的学术研究活动只能在一定的人群中进行。学术研究活动的不确定性还表现在学术活动与学术成果的因果关系不确定性上,知识的增进及社会、自然规律的发现往往是一个较为复杂、漫长的过程,对于个体而言,其付出未必能产生立竿见影的效果,但不能否定其对学术发展的贡献。对于这样有着较强主观色彩和需要较多自由及专业性较强的学术研究活动,单一地从法律、制度等层面进行规制不仅不利于学术的发展和创新,反而在实际运用中会产生外力强制"入侵"学术领域,最终损害学术自由,妨碍学术发展。所以从伦理层面对学术主体进行规制,强调的是加强学术主体的心性修养,从内心入手矫正学术伦理价值观,重视学术的操作过程,具有较大的灵活性兼顾学术活动的整体性照应了学术特点,也顺应了学术发展的内在规律,是符合学术研究的一种管理方式。

最后,从学术研究的劳动特点来说,伦理规制是一种契合的学术管理方式。对于学术研究者而言,发现真理也需要坚持独立、忠于真理,要独立钻研、勇于探索,需要有自己的学术信念、学术追求和勇于奉献的学术精神。就人性根源而言,关于人性的善恶之辩迄今没有结论,或许我们也无须苦苦追问。但人性具有复杂性和弱点这是无法否定的,然而人之为人是因为人能做超越性的努力,伦理道德是人对自身超越的一种成就和象征。对于多数研究者来说,在从事学术活动的过程中目标并不总是单纯地为发现真理、追求真知,而是在享受发现真理、求得真知的快乐和精神上的满足感的同时渴望带来物质上的某种程度的满足,获取更多的资源。当两者达成平衡状态的时候,两种目标能够保持一定的张力,学术人违背学术伦理的事情可以较少发生,然而在现实中复杂多样的因素对学术界的冲击使两者往往处于不太平衡的状态之中,违背学术伦理的事情时有发生。并且也因学术领域与其他领域相比具有某种独特性,学术人具有更大的自由度和活动空间。由于学术研究的这种独特性使学术研究经常处于他人无法进入和监督的情景之中,对外在的制度、规范、技术甚至是法律的惩戒具有相对大的抵抗力和反弹性,这非常需要学术人内化道德规则、提升伦理意识,需要学术伦理上的约束。"从内在的伦理理念和外在的伦理氛围、伦理制度两个层面监督、评价学术人,督促其学术活动沿着合理的方式、向着正确的方向发展。"①学术伦理能够对学术主体予以合理规约和限制,促进道德规范的内化,祛除人性中的一些"小恶",促进人的心灵的净化和升华,从而促进学术的发展和创新。同时,作为创造精神产品的学术研究者,精神追求该成为生产精神产品的真正的内在的动力,需要较强的社会责任感和自律、奉献等精神动力。对于学术研究者而言,精神的匮乏是走向失控、异化和产生学术不端的源头。没有学术信仰、学术精神的支撑就不会有创造和坚持正义的激情以及坚持学术对错是非的严谨,从而失去对学术道义的遵守。对学术研究者而言在学术创造上不仅需要一定的知识积淀和践履奉献科学真理的承诺,更需要的是道义上的担当和德性的完善。所以对于学术研究这一特殊的事项,这种内在的担当和德性的修为显然无法仅靠外在的法律、制度等管理所能实现,需要学术研究主体自身的自觉与自律。显然这种内在品质的提高仅靠法律、制度等规制调动不了学术研究的创作热情,反而会利用其专业性进行反弹,从而扰乱学术的发展和创新,伦理规制作为一种价值性内化规制更符合学术活动的管理方式。

总之,伦理规制对学术研究领域而言具有比法律、制度等规制更有约束力的管理方式,它将内在价值观与外在制度、规范相统一,可以很好地促进个体德性的养成和良好品性的实现。它从根本上对学术研究主体进行规约,从此角度而言比法律等规制具有更强悍的全面的约束力,有着法律等无法包容的内涵,其突破了法律生硬的律条限制,也克服了道德说教等纯粹内心信念的某种程度的软弱性和不确定性,兼具了内心信念的指引与外在法律制度的强制性约束,对于治理学术不端而言具有极其重要的价值和意义。

(二)学术伦理规制的现实依据

1.学术伦理规制的必要性

众多学者对学术不端行为的治理从不同的角度进行解剖和深层次解读,并已经追溯到学术不端行为于制度、道德、法律层面。在本研究看来学术行为是循学术精神之"理"的,学术伦理是学术秩序背后之"道",是判断学术道德"是非"的标准和评判依据。学术行动层面上的"违规""逾矩"等内在的根源是学术伦理的失范。本研究在第一章有分析目前学术界面临学术主体的学术价值观错乱、学术伦理水平均不太高的

① 罗志敏.学术伦理规制——研究生学术道德建设的新思路[M].北京:知识产权出版社,2013.

现实,从此现状出发矫正学术主体的学术伦理价值偏向、提升伦理水平,从而发挥学术伦理本身的调制力度。通过学术主体内化规范、规则与外在强制性等保障措施相结合的学术伦理规制具有必要。

首先,从学术管理方式的冲突启示。每一领域制度的制定是为了能更好地使本领域的工作整饬有序进行,彰显本领域的实质和功能的发挥。在亚里士多德等古希腊哲学家看来,"德性"一词意为事物处于良好的状态之中,极力彰显其本身的特质,本质力量的最大彰显即为"德性"。如马的"德性"是能够拼命奔跑的能力。合道德性的学术制度应该能够彰显学术本质,推动学术的发展和创新,而有些制度本身的合道德性问题却是导致矛盾冲突、学术不端产生的根源。"烟草院士"案例则很好地诠释了院士资格的进入、退出机制中的制度的是否合道德性问题。郑州烟草研究院副院长谢某某被评为院士资格的"降焦减害"的研究成果,被专家和多名工程院院士斥为烟草骗局和伪科学,并请求国务院要求工程院撤销其院士资格。建言国务院出面来运用行政权力撤销"烟草院士"解决学术问题,折射出在院士评选和管理制度上的弊病,同时,学术界引入行政力量解决学术争端,这与学术所要求的学术独立、学术去行政化精神甚远。工程院的处理结果是请谢某某自动"请辞"而不是撤销其院士资格,而对方没有同意。工程院为何没启动撤销其院士资格程序? 21世纪教育研究院熊丙奇在2013年年初连续在《东方早报》上发表两篇文章讨论此事,2013年3月13日在东方早报《"烟草院士"难题可以有解》报道:

中国工程院和中国科学院实行院士终身制,一旦当选院士,正常情况下将一直当下去。另外实行学部制,院士的评审和管理由具体学部进行。虽然现行《中国工程院章程》也规定了当选院士的称号是可以撤销的,但是,撤销程序的启动,面临两方面问题。其一,条件很苛刻,前提必须是,"院士的个人行为涉及触犯国家法律,危害国家利益或涉及丧失科学道德,背离了院士标准"。谢某某虽有科学伦理问题,可并没有触犯国家法律,所以很难启动撤销程序。其二,启动撤销程序由各学部自行进行。难题在于,评审"烟草院士"的学部是"环境与轻纺工程学部",可至今这一学部没有出面回应公众质疑;反对的院士集中在医药卫生学部,可他们根本无法参与调查核实。这是十分奇妙的制度设计,仅仅启动撤销程序就很困难。再就是,依据《中国工程院章程》,对问题院士,由其所在学部常务委员会调查核实,进行审议后,由该学部全体院士投票表决,参加投票表决人数达到或超过该学部应投票院士人数的三分之二,赞同撤销其院士称号的票数达到或超过投票人数的三分之二时,可做出撤销其院士称号的决定。显然,撤销决定是很难做出的。早前笔者就对这一章程提出了意见,认为要解决"烟草院士"问题,必须修订《中国工程院章程》;在工程院内部,应建立跨学部的学术委员会,负责学术伦理的审查和学术不端行为的独立调查、处理。这就是要打破工程院内的利益共同体。沿着这一思路,如果工程院主席团表决修改章程,不但能妥善解决烟草院士问题,还可建立起学术管理机制,推动工程院去利益化。可工程院主席团却否决了修改工《中国工程院章程》的相关动议。需要注意的是,正是目前的院士评审和管理制度,制造了"烟草院士",对此,从维护自身声誉出发,中国工程院有必要审视现行的评审和管理制度,并加以改革。如果工程院积极改革,还是值得期待的。而现在,工程院主席团在处理"烟草院士"问题上的表现表明,这一机构仅仅靠自己,要冲破内部阻力(院士本就是当前学术管理体系的既得利益者)推进改革,还是十分艰难。[①]

工程院是可以授予院士资格的部门,而撤销的部门却放在推举的、评选者自己所在的部门,反对者却无法进入其中进行调查,典型的"评判者"和"运动员"兼顾的身份角色。这种典型的内在结构性管理矛盾使学术不端治理困难重重、陷入困境。工程院内部却不愿意修订章程建立负责学术伦理和学术不端行为独立调查、处理的跨学部的委员会,显然诸多的利益纠葛在一起情景下的奇妙管理制度,学术评价的行政化和随之而来的功利化远离了学术研究的本真,院士头上及与之伴生的各个链条、环节都闪耀着的政治、经济、学术等特别待遇和利益,消泯了学术以及相关的研究机构作为一个纯粹学术共同体的本性。

其次,从学术伦理本身的约束功能来看。学术伦理对于学术活动而言,它不仅仅只具有规约的功能和作用,它还有作为协调的管理价值和功能。伦理作为一种关系之"理"以善恶评价为指针贯穿在各种关系之中,伦理关系又不是一般的人类之间相互作用的关系,在伦理关系中渗透着价值规范、个体的道德情操,它也是一种价值关系,伦理在社会的运行过程中发挥着重要的协调和管理作用。学术伦理对学术活动也有着一定的协调和管理功能。现代社会学术研究已经走出了象牙塔,不论从内涵或外延或参与者等而言不局限于一方一隅,具有一定的复杂性。学术主体的复杂性使单纯的学术关系成为相关方渗透着利益冲突的复杂关系。学术活动的成效性与个人学术目标和组织学术目标,学术研究目标与社会目标,学术研

① 熊丙奇."烟草院士"难题可以有解[N].东方早报.2013-11-13(1).

究机构的要求与相关利益者的要求等等联系在一起。学术伦理需要协调这些关系之间的利益冲突，调整各种利益关系，使相关方正确处理利益冲突，从而使学术活动处于良性状态之中。

学术伦理具有管理学术组织的功能，是一种特殊的管理学术组织的方式。学术伦理规范不仅仅是悬挂在墙上的"职业须知"之类的无生命力的条款，它从主观意识上控制和引导着学术共同体的行为，学术个体在从事学术研究活动时，会不由自主地衡量参考一下其行为是否符合学术伦理道德。而每个学术个体的行为在客观上也影响着、制约着其他学术人的行为，其行为的合理性、合道德性被加以评论和衡量从而对他者产生影响，反弹回来从而又影响自我的行为，这客观上起着促进学术秩序的良好运行的作用，协调学术共同体内部的不同利益集团的作用。同时，学术伦理管理作为学术管理方式的特殊点还在于学术伦理所起的作用具有特殊性，其发挥作用的方式具有特殊性和更大的效力。伦理强制性效力的发挥通过两方面的途径：强制性的和非强制性的。一方面它可以借助于法规、制度等惩罚机制强制执行，具有一定的打击力度，对整饬伦理关系、伦理秩序具有一定的效果和作用。当然伦理强制毕竟不同于法规、制度、法律，法规、制度或法律的强制总具有一定程度的滞后性，且注重于惩罚性，不可能涵盖社会行为的方方面面。同时，伦理强制力效果的发挥是借助社会个体对一系列的伦理道德规范的内化，通过对规范的理解、认可从而改造社会个体的内部精神世界，沉淀成为心理结构的一部分。伦理的管理作用即通过借助社会舆论、良心、道德等作用激发人的这种深层次的文化心理并外化为具体的行为方式和习惯实现对社会生活的管理作用。这种强制力可以涵盖社会行为的各个方面、渗入每一个角落、涉及每一件道德行为，这种影响比法律、制度等强制力更广泛深远，其管理的作用在某种程度上更深刻和稳定。对于学术活动而言，其性质决定了研究者的工作方式大多是以个体劳动的方式进行，具有且需要有某种程度的独立性，这种独特性决定了学术研究的管理活动具有难控性，不管学术管理制度如何周全、详细也总会有疏漏和无法关照的盲区，学术伦理这方面恰好能起到独特的作用。

2.学术伦理规制的可能性

美国学者布罗德和韦德在《背叛真理的人们：科学殿堂中的弄虚作假者》一书中认为学术不端行为的产生基于以下方面：(1)原始数据并不是读者能轻易看到的；(2)

来自多发表论文的压力；(3)名流集团的名望和地位提供的无形的保护；(4)作假者并非注定要失败；(5)科学自我管制系统的松散等。① 简捷、明晰地从社会、制度、管理等学科视角指出学术不端行为产生的原因。但这种聚焦在外围因素的追问对于学术这一特定领域问题的解决具有相当的局限性，作为一种以创造性为源头的探究活动具有很大程度的不确定性、主观性、造假的隐蔽性和评判标准的专业性等特性，而这些特性使外在的判断标准的制定、治理路径的选择缺少强有力的支撑。主体的"失德"往往会让学术不端具有无限的"创造性""隐蔽性"和"多样性"，下面从伦理内在的强制性要求和学术不端的治理层面来谈谈学术伦理规制的可能性。

首先，从伦理内在的强制性倾向和要求来看。从伦理与道德的区别来看，对于伦理和道德的关系边界一直含糊不清，现实使用中很多时候两者混用，在笔者看来两者某些所属内涵因为相同所以相互重叠而无法区分，但也因为相异所以两者还是"伦理"为"伦理"，"道德"为"道德"而无法彼此涵盖。解读两者的研究资料太多，本研究不打算再来追根溯源重新详细解读一遍，在众多"伦理"与"道德"的解读中归纳伦理几个基本的本质特征，从这些根本性的特性中论证伦理规制的可能性。

第一，是非对错、善恶评判的道德哲学或者指伦理学。美国韦氏词典认为伦理是研究善、恶以及道德责任和义务；道德原则和价值观以及道德价值观的理论体系等。

第二，为族、类、群等中的规律、秩序关系和标准、规范。"伦理"从词源上看，两者皆有"辈""等级""秩序"等义在内，"伦"从"人"，侧重人在社会群体关系中的秩序、规则。汉许慎在《说文解字》中认为"仑，思也，理也，凡人之思必依其理"，②是通过思考领悟一些根本性的道理。英文中"伦理"一词为"ethics"。美国兰登书屋词典的解释为：公认的行为准则、规范；个体的道德原则；道德原则体系。在美国韦氏词典中伦理也还有规则、规范之意。本研究中伦理和道德都有作为规则、规范之意，在这里两者意义等同；两者相异之处在于，道德强调的是个性品格的完善和品行修为，伦理侧重的是群体关系之间的等级、秩序之理，道德是伦理秩序中的内在规定性和调节规范。"'伦理'则指一类人，或类群之间应然的、已经存在、相对稳定的规律、标准和秩序关系，在社会生活中'伦理'的实际表现往往是由权威明确或人们公认的一系列行为规

---

① [美]威廉·布罗德、尼古拉斯·韦德.背叛真理的人们：科学殿堂中的欺诈作假者[M].朱进宁，方玉珍译.上海：上海科技教育出版社，2004.

② 许慎.说文解字[M].臧克和，王平校订.北京：中华书局，1956.

则"。① 伦理除了强调规则、规范或者评判善恶和作为一种道德价值观体系之外,本研究认为它的本质特征是指一种关系之"理",即维护一定关系的原则和秩序的内在机理,在关系、等级、秩序等的维护中,其实现的方式不仅靠个体道德上的自我约束、个人品行的修养等内在的规约实现,更多的是有一种外在的强制性的倾向作为依托,就是这种外在强制性的倾向使规制成为可能。

以维持封建等级社会的"三纲"来说,"君为臣纲、父为子纲、夫为妻纲",这是当时社会必须遵守的伦理纲常,在这种伦理纲常下规定了各自的身份和地位、权责,在各自的所属的要求中行事,在这些关系里面有着具体的伦理要求,内定着伦理秩序,是维持社会内在秩序稳定的基础。伦理异于道德之处在于伦理的规约不仅仅是靠舆论、习俗或个体的德性,它有着明确的外在强制力保证实施,这种强制力可借助于制度甚至是法律来实现,某种程度而言伦理秩序的崩塌往往意味着其相应社会制度的崩塌和完结。在《尚书》最初所记载的伦理关系属以血缘为基础的家庭伦理关系,在这种关系秩序里面强调"亲子有亲,长幼有序",要求父义、母慈、兄友、弟恭、子孝,"义、慈、友、恭、孝"这种具体化的伦理规范体现了伦理秩序要求,在封建社会中其实现是有保障机制的。有社会礼仪制度上的保证,嫡长子继位等不可违背,违背了可称之为"大逆不道",丧失一切;有社会道德、舆论的保证,诸如"卧冰求鱼"之类的宣传"孝"的故事;甚至上升到法律条文层面的保证,在一些法律条文中明文规定予以保障,如《唐律》中之"十恶"有多处针对"不孝"而制定。伦理秩序的双方也有着各自的权责和要求,如破坏,则如汉董仲舒所说:"君为臣纲,君不正,臣投他国;国为民纲,国不正,民起攻之;父为子纲,父不慈,子奔他乡;子为父望,子不正,大义灭亲;夫为妻纲,夫不正,妻可改嫁;妻为夫助,妻不贤,夫则休之。"②伦理的这种强制力保障的倾向和要求使伦理规制不仅有了路径可循,更是为实现伦理规制指引着方向,使伦理规制的实现有着现实可能性。

其次,从学术不端的治理困惑来看。目前对学术界学术不端行为的治理一般从法律法规、制度和技术等层面入手,以此遏制学术不端行为。

于法律法规层面而言,有学者、人大代表等提出针对学术界的不端行为应该设立诸如"诈骗罪""剽窃罪"等罪名规制学术不端行为,达到"以儆效尤"的作用。云南经

① 徐梦杰.伦理视角下高校学生学术操守研究[D].上海:华东师范大学,2013.
② 董仲舒.春秋繁露[M].曾振宇注.郑州:河南大学出版社,2009.

济日报 2010 年 4 月 12 日第一版的一篇文章《"刑不上教授"放任学术不端行为》,报道了西安交通大学教授李连生利用欺骗手段获得省级科技进步一等奖、教育部科技进步一等奖和国家科技进步二等奖等奖项。对此不端行为六位教授联名举报达两年之久并经过中央台访谈报道之后,西安交大校方迫于压力后认定李连生的行为系严重学术不端行为,解除聘用、取消职务。文中认为像李连生等的学术不端行为骗取名利及骗取国家奖励、奖金也数以十万计,同样的诈骗行为,同样给社会造成巨大的危害和损失,其他领域会抓入牢中,为何学术界的同样的诈骗行为处理却如此不平衡?且认为这是司法层面的不作为,学术不端远离法律惩处之外,"刑不上教授"放任了学术界的不端行为,见以下案例:

教授们的欺诈行为同样给社会造成了巨大损失,为什么就得不到法律惩罚呢?应该说,在司法层面的不作为,立法层面存在的法律空白,使得学术不端行为屡次逃过了法律惩处。比如说《科技进步法》对惩治学术不端行为也有所规定,但处理力度偏轻,诸如"由科学技术人员所在单位或者单位主管机关责令改正""由主管部门给予通报批评"之类的软性处理手段,几无追究刑事责任的条文。正是由于"刑不上教授",遏制学术不端行为缺乏有效的手段,使得学术不端日益泛滥。因此当务之急,是用法律手段治理学术不端行为,至少是涉及经济问题的学术不端行为:在司法层面,对陈进、李连生们的行为,可以依照现行法律中诈骗罪等罪名规定,追究其刑事责任,立法层面,完善科技法规的相关规定,设立相关罪名,对严重的学术不端行为追究刑事责任,这样可以更有针对性,最终达到遏制学术不端的目的。①

而这件事在之前的 2009 年中国青年报有报道过,在此案例中却可见法律的严惩于学术界的某种无力感,见以下案例:

细雨中,陈永江等三位老教授再次来到法院应诉。与第一次开庭相隔七天,西安交大"长江学者状告老师侵犯名誉权"一案今日在西安碑林区人民法院二度开庭。这一案件引起了媒体广泛关注。几天来,"西安交大六教授举报长江学者造假事件调查"成为各大网站热门新闻,跟帖评论者众。所以,与上次庭审时的"清静"不同,由于前来采访的记者和旁听者众多,今天的庭审被调整到了法院的"大法庭"。庭审焦点仍然围绕李某、束某二位教授是否造假展开,主要内容为法庭调查:针对陈永江等在上次开庭时所提出的九条相关证据,原告方代理律师叶子丰发表了质证意见。之后,

---

① 周云."刑不上教授"放任学术不端行为[N].云南经济日报,2010-4-12(1).

法庭对本案涉及的相关事实进行核清。对于本案中提供上来的大部分事实证据的真实性，双方都表示没有异议。而对李某被指造假的几个关键技术本身，原告方认为都在原有技术上进行过改进，不能说是剽窃。庭审中，主审法官王健表达了自己的疑惑：是否学术造假，究竟能由哪个权威部门裁定？事实上，这样的疑问在 7 月 21 日的首次庭审中也曾出现："对于你们的学术问题，法院一窍不通，我们只能听听。你们争论的中心问题是国家科技大奖是否造假，我想问一下原告和被告，针对这一情况，国家的哪一个专业部门能够认定造假是否成立？"当时的庭审中，王健的提问迟迟无人应答。王健在庭审后对记者说，由于涉及非常专业的学术问题，法官们也觉得很头痛，"这种事情，如果能在学术圈里解决掉就更好了"。[①]

以上法官的委屈反映了运用法律制裁对于"学术剽窃"这种"道德伦理上的罪行"的局限与无力，司法评价不是，不能也无法取代学术评价，司法评价到底需要学术机构提供的调查结果作为依据。同时，"学术剽窃"等学术不端行为关乎的是学术人的人格和德性之维，法律在这方面显然表现出了它的局限。就像你可以惩罚一个杀人的抢劫犯而无法对一个视垂死的生命不管不顾冷漠的守法者一样，因为这是关乎道义与德性和品行，法律无法对品行低下、德性冷漠的人施罪。

从制度、法规上来看，自从 20 世纪 90 年代以来，伴随着学术不端行为，学术道德、法规制度建设就没有停止过。教育部 2002 年 2 月 27 日发布《关于加强学术道德建设的若干意见》提出加强学术道德建设的五项基本原则和六条具体措施，要求学术研究的相关部门端正学术研究风气、加强学术道德，并已经具体到学术评审机制、违反学术规范的惩罚机制以及关于学历、学位证书的管理等方面，对于规范学术道德规范起了一定的作用。2005 年颁布的《在线发表科技论文的学术道德和行为规范》，以及 2006 年 5 月再颁布的《关于树立社会主义荣辱观进一步加强学术道德建设的意见》强调要充分意识到学术道德建设的紧迫性和重要性，要求在自律的同时建立学术规章制度建设。为加强学术研究诚信、提高道德素养，2009 年 8 月，科技部等十部门联合发布《关于加强我国科研诚信建设的意见》。同时，一些相关研究机构也纷纷颁布系列的道德规范，如清华大学 2002 年颁布《清华大学教师科研道德守则》，北京大学 2006 年公布《北京大学教师学术道德规范》，贵州大学公布《贵州大学学术道德规法实施细则》。

---

① 孙海华.西安交大教授举报学者续：任何认定造假成难题[N].中国青年报,2009-08-01.

在制度建设上面,有学者提出更为具体的制度约束方法。在项目申请和学术评审这一块要改进和完善相应的标准体系,确定学术指标、评价指标,定量与定性评价相结合;实行匿名评审、专家回避等制度,健全学术批评方法,健全学术批评制度;在学术奖励领域,减少荣誉奖励的物质化倾向、减少荣誉奖励的含金量。学术治理的制度建设主要是围绕三个领域(学术研究、项目评审和评价、学术奖励),具体在六个方面(完善的教育培训机制、科学的考核评价机制、合理的领导管理机制、系统的监督约束机制和有效的惩戒处罚机制)。但诚如有些学者所说制度越多暴露的问题也越多,往往陷于制度的制定跟不上问题出现的步伐之窘状,从而陷入"制度性困惑"之中。比如就科研评价体制来看,目前学术界有两种主要的学术评价制度:量化评价(定量)和同行评议(定质)。量化评价在中国大行其道,在它的诞生地美国却受到非常有限的认可,量化评价不可避免会导致唯数量至上,直接诱导学术不端行为。质化评价以该领域或相近邻域的专家对学术水准和价值做出评价,其评价结果具有相当的权威性,但不完善的质化评价往往会形成"熟人关系网",成为学术不端行为产生的诱因。

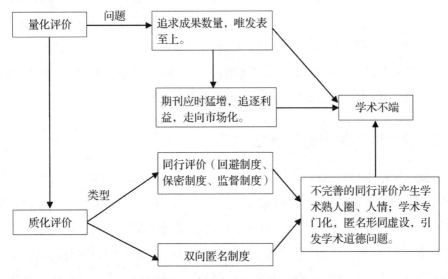

图 3-2　量化评价与质化评价

制度管理包括行政权力在内的作为一种外在的约束管理模式,对于学术界而言,其行为能力显然存在着边界,作用效果显然具有一定的有限性,"学术规范的产生和有效性绝不源于外部性的权力,而是源于学者个人对它的承认,以及学术共同体对违背这些规范的行为所实施的道德谴责和惩罚"①。学术规范、制度等管理的有效性的前提在于学术界自身的内化与认可,其有效性不是源自于外部性权力,否则会消解其自身的"合理性"。

因为科技手段的发展使剽窃、抄袭等不端行为变得迅速、简便,于是各国也采用了一系列的科技手段运用到学术不端行为的治理之中,如国外的学术剽窃检测系统、我国香港的"剽检通"检测系统、内地中文版的"反抄袭"系统和"查重"系统等等,企图用一个系统或一台机械来提升学术伦理水平、防止学术不端,这方向似乎有点不对且对学术本身而言也是一种嘲讽。

通过以上对学术不端治理方式的回顾来看,学术不端不仅仅是学术剽窃、抄袭,对学术不端的治理也不仅限于处理少量的学术越轨事件就可以,学术不端更多的是对学术价值和追求的疏离,对学术价值的背离相应地外化为系列的不端行为。学术不端"不仅是一种行为上的违规,更是一种对学术价值与追求的背离;不仅是对作为一个学术人应有的个人品质的偏离,更是对学术共同体由此才能立足之根本以及社会为此支持之理由的背叛。换句话说,学术失范不单单是学术人在行为上和道德上背叛了学术的价值与追求,更多的是其对作为学术人应该遵循的价值规范亦即学术伦理的违犯"②。所以,学术不端从表面看是一种学术违规行为,于根本意义而言,是学术伦理的一种缺失和离场而出现的混乱现状,是学术伦理规约作用的淡化、消泯而致的结果,它是学术不端的根源,直接影响学术创新之所在。

三、学术伦理规制的目标结构

厘清学术伦理规制的目标结构是对学术伦理进行有效规制的前提,通过对其内在层次结构的梳理,沿着其内在的脉络、特点使规制有序、高效地行进。结构是事物内在的机理,是内部各要素基于某种必然性的连接所组成的相对稳定的存在样态或整合形态。"结构就是整体的各个部分或系统的诸要素之间的相对稳定的联系。结构是从要素的集合和要素的相互关系中产生的"③,围绕着学术活动产生的相关主体构成了学术领域的基本要素,各要素之间在彼此运行、存在的过程中产生着各种伦理关系。学术伦理规制是对学术主体的伦理规制,具体是指对学术不端者的伦理规制、

---

① 罗志敏.是"学术失范"还是"学术论理失范"[J].现代大学教育,2010(5).
② 罗志敏.是"学术失范"还是"学术论理失范"[J].现代大学教育,2010(5).
③ [德]D·考尔特.结构和结构主义[J].郭官义译.哲学译丛,1978(5).

对学术研究机构的伦理规制和对学术传播等机构的伦理规制。对学术不端者的伦理规制主要是指对学术人在职业道德上面的伦理规范及规范的运用、运行机制。对学术研究机构的伦理规制，是指高校部门、科研部门的研究理念、伦理规范、价值导向及其运行机制。对学术传播机构部门的伦理规制指传播机构的伦理理念、传播的价值导向、规范及其运行机制。学术伦理规制是一个推动学术道德发展、整饬学术伦理秩序的过程，学术活动内部诸要素及彼此间的道德成长呈现出相互影响、相互连接，由外在的道德的行为到内在道德的秩序建立依次推进的结构模式，即由外在的伦理规制到内在的伦理规制过渡。

（一）外在的伦理规制

外在的伦理规制是没有转化为学术主体内在德性的外在道德规制，这种外在的道德只是建立在遵循外在强制的规范、规则之上，迫于外在的权威具有他律性特征，不同层次的伦理规制的基准不同，具有各自的维度。外在的伦理规制结构分为有底线伦理标准和目标伦理标准。

底线伦理标准，从学术源头来看，学术活动本是具有一定专业素养的群体集合于一起发现真理、为人类增进知识的探索过程，其本身没有任何的功利目标、物质利益牵扯到里面。但当今的学术情况远远没有这么简单，各种因素以及利益交织、缠搅在一起冲击着学术伦理的基本秩序，破坏着学术研究的基本环境，影响着学术的健康发展。规制的底线伦理体现为学术伦理的基本价值规范和道德要求，是学术主体从事学术活动的"通行证"和基本前提，是判断"伦理"与"非伦理"的分界线。底线伦理的主要特征：不能篡改他人成果、伪造数据、作假；反对抄袭，遵守基本的学术道德规范等。这些价值规范的最低要求是作为学术人、学术主体都必须做到的，其表达的是一种强制性的、惩罚性的他律性倾向。这种他律性的特征还有与其他制度甚至是法律相结合共同体现的，因为外在道德制裁的可能性取决于情景，规制的效果不仅受到全社会道德水平的影响，学术制度甚至与学术研究活动相关的法律相关度都很高。

目标伦理标准，底线伦理标准无法满足学术发展对道德规范的要求，外在道德规范的制定缺乏主体本身的自觉总会存有漏洞，学术主体的自我能动性的发挥是走向内在伦理规制的前提和基础。这对于学术这一专业性较强的领域来说不是一件很难的事情。比如说抄袭的判定，作为基本的底线伦理，"抄袭"是一种严重违反学术规范的行为，但如果缺乏主体的自觉或者耻辱感模糊，"抄袭"完全可以变体成为种种"超越"，抄袭思想、抄袭思路、抄袭主题……这就是为什么阅读文献资料时往往会有种"似曾相识"的感觉，进入的是"天下文章一大抄，你抄、我抄、他也抄，谁抄得好谁高一招"的境况。在学术领域里法律往往解决不了学术伦理问题，在底线伦理里，法律能够起到一定的支撑的作用，能够约束一些公然违规的学术行为，但越往深处走，法律等其他强制性的约束往往会力不从心，因为它无法惩戒现实中存在的、没有到达法律程度的"小恶"，但人内心里对良好伦理秩序的向往和对高层次的伦理目标的要求，驱动着学术人不断提高外在道德规范的需求。

（二）内在的伦理规制

内在的伦理规制一般都实现了人的外在德行的提升，这种伦理规制已经突破外在的规范机制上升到学术主体道德的内在核心层面，实现了自律的转变，伦理道德的要求成为学术主体本身的一种内在需要，即以"自我约束性的道德力量和自我完善的价值取向"①指引个体德行。这种"内在性"走出了外在防御性、惩罚性的规定，更多体现的是一种激励性的、引导性的内在力量，使学术伦理充分体现了其本身所具有的这种内在"自律"特征。其表现为：目标上具有探索*真相*的纯粹性和单一性，以发现真理的奉献态度从事学术研究；以维护学术规则作为一种内在需要的方式而不是依靠规则的约束去从事学术研究活动，并能对现存的伦理道德规范进行理性分析和反思，具备相当的道德能力；以内在学术德性形成基本的价值理念追求，以一种自在、自主、自为的自由姿态推动学术发展、创新，探索学术发展的进阶之路。

总之，学术伦理规制无论是底线伦理还是内在德性修为，其努力的方向总是为增强学术研究者的学术伦理意识，提高学术伦理的实践纬度，由此实现学术研究者自身在研究过程中的纠错能力和提高自身的学术创新精神。

---

① 田秀云.当代社会责任伦理[M].北京：人民出版社，2008.

第四章 学术伦理规制的对象及主体

  学术伦理是一个具有高度抽象性、概括性的词语,但它有着明确的要求、非常清楚明晰的权责内容,能且必须具体化到相应的实体上,通过对构成伦理关系主体的规约、协调学术领域相关主体利益而发挥价值和作用。学术伦理规制的特点在第三章已经有详细解析,学术伦理规制是提升学术研究相关主体的伦理水平以及内化伦理规范的行为机制,是学术伦理在学术活动中制度化和程序化,使学术伦理规范内化到学术活动相关的主体,并通过学术伦理的制度化对相关主体的学术活动的限制和矫正而实现对学术活动管理的一种措施。同时,完整的规制由规制者、规制对象、规制方法与手段三部分构成,从规制的基本要件出发,学术伦理规制的主体是各级学术组织、学术管理机构等部门,规制的对象是学术研究的学术主体的伦理意识,以伦理的手段(伦理价值观、伦理规则与规范等)提高学术主体的学术伦理水平,从而不断促进学术主体伦理的自在自为,使学术伦理秩序保持良好的状态,推动学术的发展和创新。本章主要分析学术伦理规制的对象,伦理是学术主体组成的关系之"理",学术伦理关系作为伦理关系的一个重要组成部分,具有共性也具有其独特性,厘清学术伦理关系才可更好地分析学术活动主体的伦理权利和义务。

一、学术伦理关系的特点

伦理关系是一种客观性的社会关系，此关系不是自发的、自然的关系，也不是基于法律、权威基础上的关系，它是关系主体基于"应当"如此的态度对待、维系的关系。

（一）伦理关系中"应当"与规范性

伦理关系的"应当"。伦理关系作为一种特殊的社会关系，这种关系"既不是自然的、盲目的关系，也不是由权威、律令强行规定的关系，而是一种由关系双方作为自觉主体本着'应当如此'的精神相互对待的关系。这种关系就体现着人与人之间的伦理关系"①，主体间"应当"的精神和理念是其核心和本质。我国最初的伦理关系是一种家庭伦理关系，是关乎亲子、长幼的伦理关系。这种按辈分形成的伦理关系具有不可逆性，这种不可逆性需要梳理出一定的辈分关系，也需要据辈分关系要求而约束自己的行为，是一种"应该""应当"的行为。其实质也透出一种"必须性"，是不可、不能逾越的，不可以个体的意志为转移的，没有这种"应当"，秩序则会乱套，生活将陷入混乱。古人云"天伦之乐"，"天伦"也有它必须遵守的人伦之道，在这种关系之下每个人需要找准自己的位置。《尚书》记载关于父母兄弟子的关系要求是：父义、母慈、兄友、弟恭、子孝。这种以血缘为基础的亲子长幼伦理关系以义、慈、友、恭、孝为内容做出规定，义、慈、友、恭、孝则是在家庭伦理下的个人德性要求，是抵达伦理关系要求的基本路向。但伦理关系并不仅局限在家庭秩序的树立，《易经·序卦传》云："有天地而有万物，有万物而有男女，有男女而有夫妇，有夫妇而有父子，有父子然后有君臣。"这说明伦理关系随着社会关系的扩展而拓展，家庭关系慢慢过渡到社会关系的走势。现代的伦理关系远远超出了家庭伦理关系的范畴，每一种伦理关系总是建立在一定的经济基础之上，具有历史性的特点，比如与原始社会经济形式相适应的是以血缘为基础的家庭伦理，在封建社会则进一步发展为宗法伦理，随着社会发展、科技进步到资本主义则是契约伦理。并且为了人类自身的和谐，伦理关系已经不仅限于人与人之间，产生了诸如科技伦理、生态伦理与动物伦理，这种"应该的"关系不断扩展，在一些专业领域产生了专业的身份和从业人员，要求着相应的专业伦理的产生。学术研究领域也一样，学术研究领域有着不同的研究主体，彼此伦理关系具有一定的特殊性，彼此之间发生关系必须以学术研究的成果为媒介和中介，彼此间形成的是一种交互式的主体关系，所以在伦理关系中产生的权利和责任及其发生作用和实现途径有

---

① 宋希仁.论伦理关系[J].中国人民大学学报，2000(3).

着独特性。但是不管怎样,伦理关系的必须性和应当性依然渗透其内,是不以人的意志为转移的,关系到主体自我的直接利害、利益与选择,需要主体意志关系调节,非如此则关系会混乱。

伦理关系的规范性。伦理关系传递出的是应该、应当的要求,要求各关系主体在所形成的关系中遵循"应当"的原则和态度行事,这种"应当性"流露出了伦理关系最初的规范意识。伦理关系"应该如此"精神的现实性条件是必须建立在一定的规则、规范之上,伦理关系中的这种规则、规范即为道德规范、规则。"伦理是人与人之间合理的经过人为治理的关系,而道德则是伦理秩序应有的调节规范。"①当伦理作为规则、规范讲时与道德的含义重合于一处,有着对规范、规则的强调之意。道德规范是随着伦理关系的产生而产生,是对伦理关系的应然性进行反思、认同进而践行,而后形成"应该"的观念、行为规范、品格与德行。"道德则是人们对应然性伦理关系的反思、认同和实践,以及在此基础上形成的有关'应当如何'的观念、品格、规范和行为。"②作为协调伦理关系的主要因素,调节着伦理关系的发展,道德通过塑造个体的德性和德行以及形成群体、社区、社会的良好道德风尚调节着、影响着特定时期的伦理关系和伦理秩序。但在现实中并不是每个个体行为都会在表现中秉承着伦理关系中的应当性,恰恰是很多时候个体行为不依循伦理关系的应当性,道德规范、规则并不是伦理关系现实化的充分保证,其关系的维护和调整还需要法律作为后盾,往往是通过两者的作用而共同实现,是由道德规范和法律而共同作用实现的,法律和道德在古代被同称为"御民之衔"。但伦理关系的这种内在规范性与法律规范性还是存在较大的差距,伦理规范是伦理关系的实现本身附生的规范,是伦理关系要求的体现。法律作为基于一定经济基础之上的惩罚性规范,"法者,规也,纲纪也,范也,绳墨也"。对于伦理关系而言,其效力的发挥具有一定的有限性,伦理关系是有着主体意识贯穿其中的关系,主体意识是关系主体判断与他人、集体等"他者"关系之内核,是伦理关系的灵魂。主体意识能使伦理关系双方产生"应该怎样"的认识,产生哪些是应该的、哪些是不应该的判断,哪些该满足对方、哪些该放弃的取舍,显然法律对这种关系的使用是具有一定局限性的,它只能对那些明显违规的、违法的行为进行限制。

(二)伦理关系是客观关系与主体意识的统一

"是怎样"与"应怎样"的统一铸就着人之发展的基本路径,"是怎样"展示了作为人的内在的规定性和实现了对原始生命的超越,成为高层次的现实的人的存在。"应

---

① 宋希仁.伦理与道德的异同[J].河南师范大学学报:哲学社会科学版,2007(9).
② 李建华,刘仁贵.伦理与道德关系再认识[J].江苏行政学院学报,2012(6).

怎样"使自我建立与"他者"的关系,实现了对实存规定有限性的超越,成为主动超越现有的人之规定的境况,人的存在样态是"是怎样"与"应怎样"相互运动的结果。伦理关系的产生是基于"应怎样"关系的基础,但伦理关系不只是一种主观抽象的"应怎样"主体意识,在结构上呈现为一种实体性外层结构与以主体意识、伦理精神为内核的内层结构的统一。

伦理关系的实体性,伦理关系的外层结构,"伦理性的东西不像善那样是抽象的,而是强烈的现实的"①。伦理关系有思想渗透其中,同时具有客观内容的社会关系,社会客观关系是伦理关系的物质承载者,伦理关系总是落实在具体的社会客观关系之中。人与人之间产生的方式有因为地域、因为血缘等而因此产生了血缘或地缘基础上的伦理关系。血缘关系之上的伦理关系是我国最早产生的一种伦理关系,即家庭伦理关系,在这种关系里调整的是亲子、长幼关系,是以辈分作为划分依据的关系,如家庭中的夫妻、父子、兄弟等伦理关系,家族中的叔侄、公爹媳妇、堂兄妹之间的伦理关系等。我国古代社会对这种伦理关系有着明确的规定,比如"五伦"规定:君臣有义,父子有亲,夫妇有别,兄弟有悌,朋友有信,这君臣、父子、夫妇、兄弟、朋友所形成的社会关系就是伦理关系的实体性依托,这"义、亲、别、悌、信"就是调节伦理关系的强制性意义的道德规范,而后这样的关系不断地扩展到师生、朋友、里堂、首仆等。还有因制度、地缘而形成的关系,如元代马端临的《文献通考》中记载:"昔黄帝始,经土设井,以塞争端。立步制亩,以防不足。使八家为井,井开四道,而分八宅。凿井于中,一则不泄地气,二则无费一家,三则同风俗,四则齐巧拙,五则通财货,六则存亡更守,七则出入相司,八则嫁娶相媒,九则无有相贷,十则疾病相救,是以情性可得而亲,生产可得而均。"这描述了古代最初伦理关系的客观性,揭示了当时人们相处的客观关系有着一定的秩序,就如象形字"伦"所体现的意义一样,左边为"人",右边部分上面为房子,"家"之意,下面是井盖护栏和道路,说明那时的伦理关系已经具有客观实体性关系的存在,是维系着人相处的客观关系,有着内定的秩序。伦理关系的客观性还表现在实体性关系中存在的明确的伦理权利和义务。董仲舒的《春秋繁露》对君臣、父子、夫妻等的伦理关系中的权利、责任、义务等有着具体的说明,"三纲五常":君为臣纲,君不正,臣投他国;国为民纲,国不正,民起攻之;父为子纲,父不慈,子奔他乡;子为父望,子不正,大义灭亲;夫为妻纲,夫不正,妻可改嫁;妻为夫助,妻不贤,夫则休之。② 这些权责的规定勾画出一个清晰的伦理秩序,表现为一种合理的社会秩序和秩序中的关系,强调着伦理关系中权利和义务的均等。另外,社会关系表现为经

———————

① [德]黑格尔.法哲学原理[M].范扬,张企泰译.北京:商务印书馆,2013.
② 董仲舒.春秋繁露[M].曾振宇注.郑州:河南大学出版社,2009.

济、法律、政治关系等,这些关系主体本着"应当"来处理彼此间的关系,从伦理的角度来评判就形成了伦理关系,是存在于现实的社会结构中、社会秩序中的关系,作为一种实体性的存在是伦理关系的物质载体,体现着伦理关系的客观性。从此特性来看,伦理关系代表的是生活的全部,它就是"现实的家庭、社会和国家等复杂的组织系统,体现为超出个人主观意见和偏好的规章制度与礼俗伦常,表现为维系和治理社会秩序和个人行为的现实力量。"①即客观、实体性的伦理关系在现实生活中表现为复杂的制度、组织系统和礼俗伦常,体现为现实的合理的社会秩序。

伦理关系中的主体意识,伦理关系的内层结构。黑格尔认为:"作为精神的直接实体性的家庭,以爱为其规定,而爱是精神对自身统一的感觉。"②在《法哲学原理》中认为精神性关系是伦理关系的本质。伦理关系中的各种实体性关系的载体如果没有伦理精神、主体意识参与其中,则构不成伦理关系,只有主体意识、伦理精神介入各种实体性关系之中并形成主观精神关系,才形成伦理关系。从此角度而言则如黑格尔所说,伦理关系的本质是种精神性的关系,关系主体的主体意识则是构筑伦理精神的前提。伦理关系区别于其他社会关系之处在于处理彼此关系时需要相关主体抱着"应该怎样"的意识。此意识会提醒并要求关系主体哪些行为是应该的,哪些是不应该的;对对方的需求,哪些是需要满足的,哪些是可以不满足的,这样的取舍与判定总是在一定的主体意识之下进行的,沿着"应当"的合理性形成伦理精神,也只有关系双方本着"应当如此"的精神对待伦理关系才得以实现。在人类生命的原初,父子之间的简单代级关系没有从动物中抽离出来时与动物世界的代级关系并没有根本之区别。但当人类剪断与自然界的脐带开始,伦理关系的形成是人类自身的一次伟大的飞跃,以人类的父子关系与虎母和虎子来说,这之间还是有较大的差别的。不可否认,虎母与虎子在一定时间内具有很浓的"亲情关系",也有说"虎毒不食子",但这种"亲情关系"并不是人类意义上的那"亲情关系"。它们只是一种自然生命的关系,不具有人类对待亲子关系的自觉意识和恒久性,它们之间只是一种靠第一信号系统维持的低级意识,其行为出自一种自然和本能的反应。这种低级意识和本能支配的"亲情",只要一过特定时期将全部消失,虎母和虎子之间的关系没有辈分,彼此关系在一定时间后是可以"混淆"的。再比如在母鸡孵的鸡蛋里面放个鸭蛋,小鸭孵出后母鸡一样会在一定时间内"视为己出",遇到危险会拼命护卫。而动物界的这种自觉意识、意志的缺乏,失去了伦理关系形成的基础。人类的亲子关系则不仅仅是由于生育而生的血缘关系,也是渗入自主意志与自觉意识的社会关系,即人类父子这种单纯的血

---

① [德]黑格尔.法哲学原理[M].范扬,张企泰译.北京:商务印书馆,2013.
② [德]黑格尔.法哲学原理[M].范扬,张企泰译.北京:商务印书馆,2013.

缘关系作为一种简单的代级关系,在没有"应该如此"的主体意识和道德观念、原则的进入时和动物代级关系没有多大的区别,也不会形成伦理关系。这种血缘关系作为父子关系的客观实体性是伦理关系的外层结构,而父子间伦理关系形成的灵魂和内核则是在"应该怎样"的意识里所产生的精神性关系,这是伦理关系的内层结构。

针对伦理关系的这种属性,按着这种思路似乎把伦理关系仅限在并且也只能限制在人与人的关系之中,那么对于学术研究领域的相关主体来说是否不存在伦理关系呢? 进一步来说人与动物、自然或其他社会机构等非人类之间是否有伦理关系呢? 其实,在中国传统的伦理思想里,早已把人与人之间的伦理关系扩展到人与天、人与物等统一的"宇宙大化""天人合一"的关系和秩序之中。伦理是统摄天、地、人为一体的合理秩序,这是一种极其广阔的视野。在这一秩序中,万事万物在相互制约、相互作用的"应然"状态里行走,谁破坏谁将会受到反作用甚至是惩罚,简言之,破坏大自然、残杀生物,破坏了"应该"相处的关系、破坏平衡必然遭到报应。英国哲学家斯宾塞也认为:"人类的道德也只是宇宙伦理演进的一个阶段,一个高级阶段,伦理关系延续到更广阔的领域,人不仅对人也要跟生物、自然讲秩序和道德,与动物、自然应该是一种特殊的伦理关系。"其特殊性在于人作为"自觉其为主体的主体"与动物等作为"不自觉其为主体的主体"之间的关系,是本着生命对生命的态度践履着"厚德载物"的精神实现对动物的关爱,最终创造一个更和谐的、适合居住的人类生活家园。而对于社会机构之间或人与机构之间更是有着伦理关系的产生,无论哪一种机构均是由人组成、由人控制、代表着特定群体的利益的组织,是一个独立的主体,它必须秉着"应该"的态度履行与"他者"的关系。

厘清伦理关系的特点和内外结构关系有助于我们更好地把握伦理的规律,以便分析学术伦理关系中的主体伦理状况和关系方各自的权利和义务,以便更好地矫正学术伦理失范的现状和发挥学术伦理在学术发展与学术创新中的动力作用。

二、学术伦理规制的对象——学术活动主体

学术伦理关系是学术研究主体在进行学术探究的过程中形成的一种关系,学术主体之间的关系是一种客观性的关系,是伦理关系的实体,是伦理关系形成的物质基础。只有当主体间的关系渗透"应当性"和伦理精神,才能发挥伦理精神的价值引领和规约作用,形成伦理关系。"应当性"的缺失使学术主体的行为缺少一种内在的制约,淡化学术活动的崇高性,失去对学术活动应有的敬畏感。学术活动的使命和目的是增进知识、探求人类发展规律,然而,不可否认在现代学术的大众化趋势、多元化价值观念之下学术主体面临着困惑与冲突。在某种程度上而言,围绕学术活动而产生

的系列组织和机构在本质上不再那么单纯,很多的学术机构不仅仅是一个学术组织,也是一个社会组织、经济组织。在"应该"与否的抉择中面临困惑和诱惑,混淆了伦理权利与义务的边界,产生了一定的道德风险。学术伦理规制的对象即从事学术研究的主体,厘清学术主体的伦理权利和义务,分析学术主体的伦理边界,是规制有效实施的前提。学术研究的主体主要包括学术研究者、学术研究机构和学术评价及管理机构。

(一)学术研究者的伦理特征

学术研究领域的相关主体形成相互交错的伦理关系,当每个主体处于应然的关系状态之中、坚守自己应为的行为时,学术伦理将处于良好的状态之中,反之将导致伦理失范。现实境遇下,学术主体往往会产生诸多伦理冲突,陷入伦理困境,这是伦理失范导致学术不端的源头。

1.学术研究者的伦理困境

对学术研究者而言,其伦理冲突导致的困境往往体现在两个方面:一是学术研究者"自我"内在多重身份的冲突;二是表现为"自我"与"他者"的冲突,从而淡化、削弱着学术伦理意识,冲击着"应然"的伦理关系和秩序。

"自我"内在的冲突。学术研究者"自我"内在的冲突多由研究者身份的多重性和多样性导致不同的学术价值观的冲突和自身从事研究的目的和动机的冲突。市场经济条件下,一种纯粹的为科学研究而研究的纯正空间被击破,学术研究往往成为一种职业。一旦与职业挂钩,学术研究中的功利性必然随之而生,这种"经济人"的角色并不仅仅存在于社会经济或者其他领域,学术研究领域也大量存在着。作为一个奉献学术的研究者和职业人士,其价值观和指导动机都不是处在一个层面的事。诚如爱因斯坦所说:"在科学的庙堂里有许多房舍,住在里面的人真是各式各样,而引导他们到那里去的动机也实在各不相同,有很多人所以爱好科学,是因为科学给他们以超乎常人的智力上的快感,科学是他们自己的特殊娱乐,他们在这种娱乐中寻求生命活动的经验和雄心壮志的满足;在这座庙堂里,另外还有许多人所以把他们的脑力产物奉献在祭坛上,为的是纯粹功利的目的,如果有天使跑出来把所有属于这两类的人都赶出庙堂,那么聚集在那里的人就会大大减少。"①对于爱因斯坦而言,对科学的研究完全是为了揭示自然现象的内在规律和享受揭示科学的和谐美感。但是,对于一个以研究为职业的人而言,获得高额的报酬和薪水、最大限度地满足物质利益是从事研究的主要目的,学术研究沦为谋生的手段,其道德要求充其量也只是遵守职业规范而

---

① [德]爱因斯坦.爱因斯坦文集:第一卷[M].许良英译.北京:商务印书馆,1983.

已,探索发明只是其工作内容而不是追求的价值目标,功利性追求在道义而言无法遭到指责。但这种科研动机不纯者,发生学术越轨行为概率自然是很高的,在其道德领域里没有围栏极容易越出边界。学者"自我"内在的冲突导致的学术伦理失范还包括学术人"伪学术"身份带来的冲击,"伪学术"身份者视学术为获取功名、地位的工具,视学术为一种获取更高经济或政治地位、权力的依据。据网易财经版《庭审张曙光:觊觎院士头衔受贿 2300 万》①报道,2013 年 9 月 11 日在北京市第二中级人民法院审理中,原铁道部运输局局长张曙光在 2007 年和 2009 年两次参评中科院院士时用受贿的两千多万元贿赂院士评委,据报道张曙光用来参评的很多学术成果均来自"枪手",这些"枪手"包括来自北京交通大学、铁道科学研究院、西南交通大学等著名大学和研究机构的教授、副教授、讲师、研究员、工程师等学者和研究者。据悉,身居高位的张曙光并不满足于官位,还一直努力当"学霸",以维持其在铁路领域的权威。多位铁路系统人士表示,一旦官位加上学术地位,在铁路领域项目规划和建设中的发言权就更大。行政权力与学术权力的结合能产生更大的能量是张曙光花巨资争当"学霸"的根本目的。而最终,张曙光也只以一两票的微小差额落选,这不得不令人深思。"伪学者"身份无论从哪个角度来说对学术研究的破坏力都是极强的,是导致学术不端、学术伦理失范的主要破坏力量。

"自我"与"他者"的伦理冲突(学术人与学术评价机构、学术研究机构等)。学术领域的伦理关系产生于学术主体之间,本研究第一章已经详细地解析了学术主体的构成包括学术人、学术研究机构、学术评价机构等。学术主体间的关系是学术伦理关系形成的物质基础、实体性的依托。伦理关系是以"应然"性为基础的贯穿道德、价值规定性的一种关系。学术伦理关系即是学术领域诸要素之间形成的伦理关系,以"应然"性的态度行事必然建立在一定的规则、道德规范基础之上,以制度、组织甚至是法律等外在的强制性力量为保障。学术伦理关系的特殊之处在于是一种交互主体式的伦理关系,是以学术研究成果为中介而产生的一种伦理关系,具有间接性和对象多样性。宏观而言,有学术人、学术共同体与社会之间的伦理关系,从学术内部诸要素来说,有学术人、学术研究机构、学术评价机构。学术人、学术研究机构、学术评价机构在研究成果的呈现、对研究成果的评价和态度等一定程度上面临着利益冲突,隐藏着道德风险。

对学术研究者来说,其使命在费希特看来是"高度注视人类一般的实际发展过程,并经常促进这种发展进程",并认为"提高整个人类道德风尚是每一个人的最终目

① 张有义.庭审张曙光:觊觎院士头衔受贿 2300 万[EB/OL].http://money.163.com/13/0911/01/98F3RCTB00253B0H.html,2013-09-11.

标,不仅是整个社会的最终目标,而且也是学者在社会中全部工作的最终目标。学者的职责就是永远树立这个最终目标,当他在社会上做一切事情时都要首先想到这个目标"①。在现实研究中,学术不端等问题的产生虽说直接源自学术人的行为,但不可否认外在因素的入侵使学术研究偏离了本来的轨道,这是导致学术人行为失范的主要因素。研究者与其所属的研究机构、学术评价机构等是一个复杂的利益共同体,学术研究者从项目申报、立项到学术研究的开始、实施到研究成果的发表、评价和研究成果的申报等均需与这些机构、组织产生关系,贯穿学术研究的整个过程。学术研究渗透着经济利益、行政权力,使学术研究领域并不是一个独立的、单纯的探究人类规律、增进人类知识的活动,这限制了学术的民主管理,淡化了学术研究者的自主意识和责任心。就学术研究者与其所属的研究机构来说,学术研究成果的评价本应作为学术共同体对学术管理的一种有效的手段,而 20 世纪 90 年代以来的过度量化的管理方式,使数量成为研究者追求的目标,为追求数量而不惜以伪造、剽窃、抄袭、弄虚作假等不正当的手段窃取荣誉和信誉以及金钱等。学术研究机构为刺激本机构的研究人员实行功利性的物质奖励为主的科研奖励方式,学术研究者的科研成果与物质报酬挂钩,与职称评定、晋升、福利、分房等搅和在一起。这种奖励失去了"以精神激励人们追求真理,进行科研创新的作用,而退变成人们从事科研活动的目的,这种目的和手段的本末倒置,就有可能导致科研不端行为的发生"②,学术研究失去了该有的精神引领力、严肃性和崇高性。学术研究成果在鉴定与评价、推广中也与出版社、编辑部等产生联系。出版、编辑等部门以利益出发放松对论文的审查,对剽窃、抄袭等事后行为不负责,也对文章的抄袭、剽窃等行为不做任何反应和处理。出版、编辑等部门为追求利益满足一些评职称的论文需要,不惜发表一些东凑西抄、拼凑而成没有任何学术含量的论文,为学术造假提供了一个平台。

2.学术研究者的伦理权责

学术伦理关系的交互主体性使学术主体的伦理责任和权利在表现上具有一定的特殊性,对于学术研究主体来说,伦理秩序的规定性不像一般伦理关系中那种典型的对应性质的具有相当程度的明确性和清晰度。如古时候"五伦"规定的"父慈、子孝、兄友、弟恭"中表现出的"慈、孝、友、恭"。而学术伦理关系主体都是围绕着学术研究成果展开而形成的伦理上的权利、义务和贯穿其中的道德价值关系。对于学术研究者而言,怎样获得学术成果、获得何种级别的成果、获得研究成果的动机何在往往会给学术研究者的伦理困境带来伦理风险。这种伦理困境和伦理风险往往不是学术研

---

① [德]费希特.论学者的使命,人的使命[M].梁志学,沈真译.北京:商务印书馆,2013.
② 潘晴燕.论科研不端行为及其防范路径探究[D].上海:复旦大学,2008.

究者本身所能控制的,对学术伦理关系和秩序的破坏造成学术不端行为,研究者充其量是一种"主动的被动者"角色。科研评价和奖励机制某种程度上的不合理性导致学术研究动机的复杂性和学术伦理的风险性。在目前的学术管理体制下,研究者的职业化,使功利性的追求成为学术研究活动的一个主要的目标,追求真理不是学术研究的唯一目标和要求。传统学术伦理上的"应然性"通过价值观念、风俗习惯、道德精神等成为传统学术研究的伦理要求,沉入学术领域的意识形态之中,不承认也不打算承认学术的功利性。而现实境况是无论学术管理组织、学术研究机构或者社会外在行政权力等往往通过报酬机制和激励等方式从制度上去刺激学术研究,引导更多的科研人员从事学术研究,并对已经从事学术研究人员进行激励使其投入其工作中,如岗位、科研和奖励津贴制度、职称评定、学术成果评价等处处透露出功利的色彩和倾向。学术研究成果的实现另一阶段需要社会的承认,而以最快捷的、最少代价获得认可是人性的一种弱点,科研人员也不例外,走捷径必然成为一种难以抗拒的选择,在研究成果的发明和呈现上往往会陷入伦理悖论。

学术研究成果的这种"他控"性往往与学术研究的功利性交织在一起,是学术研究者撞击伦理风险的原始动力,是造成学术不端的主要根源。然而从另一个角度而言,在学术研究已然成为一种职业的情况下,研究者在生活条件以及社会地位较为稳定的情况下从事学术研究也并非不可能,物质上的满足是任何时代任何人安心从事研究发明、发挥高效率的前提,薪金、职称也可以作为学术研究者的一个目标。在商品社会里,学术研究者也可以把学术研究当成一种谋生的手段,其基本的生存、生活条件的满足是一项基本的自然权利,不管他的职业如何。薪金可以维持学术研究者及其家人的生活开支,也可以实现研究者的劳动价值,这主要的支点在于处理边际和"度"的问题,评价的标准一定是要发挥学术的创造力、实现研究目标,推动学术的发展和创新即可。就如美国社会学家李克特所说:"科学家寻求的奖励中有三种:献身科学的满足感,科学活动中固有的奖励;非科学本身所固有的来自科学共同体内部的并由科学共同体分配的奖励,如由其他科学家给予的职业上的承认;科学以外的来源获得的奖励,如金钱和公众的承认。"①

(二)学术研究机构的伦理特征

1.学术研究机构的伦理境况

在现代化的条件下,随着以科技为核心的生产力的发展,个体知识的有限性难以满足社会各方面发展的需要,专门的机构和专门的人员从社会其他部门和其他

---

① [美]李克特.科学是一种文化过程[M].顾昕,张小天译.北京:生活·读书·新知三联书店,1989.

行业剥离出来从事专门的研究活动才能满足飞速发展的社会需要。美国教育哲学家约翰·S.布鲁贝克认为:"每一个较大规模的现代社会,无论它的政治、经济或宗教制度是什么类型,都需要建立一个机构来传递深奥的知识,分析、判断现存的知识,并探索新的学问领域。"①学术研究走出个体的局限形成一定的机构和组织,有着明确的研究方向、目标和研究任务,具有一定数目的、较高专业素质的研究人员和具有从事研究的基本物质保障条件。当代大学不仅有培养高级人才、知识的研发传承,还有服务社会等任务,并不断趋向多功能化。但大学作为以学术为核心的组织系统,知识的研发、传承依然是其最本质的属性,是学术机构、学术研发的主要形式和场域。当然,一些实体性的科研院所等非大学的学术机构也存在,如中国科学院、中国农业科学院、上海市肿瘤研究所等。这些科研机构对科学的研发、推动学术的发展起着一定的作用。对于学术机构,本研究认为广义的学术机构是以大学为主包括所有的非大学的科研院所、医疗机构、公司企业的研发部门等,狭义而言是指各级各类大学的研究活动。但总体而言,大学还是学术活动最主要的机构和组织形式。"从整体上来看,自从大学产生以来,大学仍然是人类社会主要的学术机构和学术活动的主要场所,大学的这一主体地位是不能否定的。"②中国科学技术信息研究所从 2012 年被 SCI 收录的我国第一作者的论文中选取 100 篇最具国际影响力的学术论文,这 100 篇论文的第一作者分布于 63 个研究机构,其中 72 篇来自大学、25 篇来自研究机构、3 篇来自医疗机构。③ 各级各类大学无疑为最主要的学术研究机构,承担着学术探究真理、科技研发、增进人类知识的主要责任。

这些研究机构在组织研发的过程中无疑与多方产生关系,研究机构部门之间会产生不可避免的联系,研究机构内部人员之间也将产生关系。贯穿在学术研究设计、学术研究管理、学术资源分配甚至是学术研究的方式方法之中,各研究机构均是以研究成果为中介或目标,彼此在交错中形成复杂的伦理关系。对于学术机构而言,学术活动毫无疑问担负的是探求真理、发现真理和传播真理的责任,这种学术责任体现着学术向善的价值属性,在学术伦理关系中体现为一定的义务性,是一种伦理实体,体现着学术活动伦理求善的价值趋向和目标。一般而言,学术机构的"善"应该是超出狭隘的团体或群体意义之上的"善",它需要有一定的道德规范作为支撑,以及制度、法规作为后盾和保证,需要得到内部成员的伦理支持,其价值目标应该与整个学术本质需要的"应当性"保持一致。否则学术机构所追求的目标与学术伦理关系本身要求

---

① [美]约翰·布鲁贝克.高等教育哲学[M].王承绪等译.杭州:浙江教育出版社,1998.
② 高军.大学学术性与大学制度建设[J].南通大学学报(教育科学版),2007(2).
③ 注:数据来自中国科学技术信息研究所网.http://bbs.netbig.com/thread-2614336-1-1.html.

的"应当"相背离或者冲突，那么学术机构则容易陷入伦理困境，面临伦理风险的境遇。在现实境遇下，大学以不完全是一个以学术研究为目标的纯学术机构，行政力量与利益交织在一起，使这种风险和冲突从幕后走向台前。

2.学术研究机构的伦理风险

犹如上面所分析，当学术机构不以"应当性"的姿态面对学术活动或者作为调节与其他学术主体关系的主导思想时，容易陷入伦理困境，产生伦理风险，做出有悖学术规律、危害学术活动、影响学术发展与创新的学术失范行为。伦理关系中，各关系主体伦理权、责是有着内在的规定性的。每个主体有着各自的角色和与之相对应的责任，需要履行、完成角色规定的要求，遵守其相应的行为规范，同时也享有与学术主体的角色与责任相应的权利和自由，只有学术主体清楚各自的权、责，各安其分，实现权、责的高度统一，才能维系一个和谐的伦理关系，构建一个整饬有序的伦理秩序，才能实现"学术之善"。屡屡不断的学术不端行为似乎在不断地提醒现代的学术研究并不是一个依旧单纯的、完全秉承学术自由精神的学术共同体，学术共同体同时也是一个经济共同体，里面渗透着经济利益和行政权力的因素，挑战着学术伦理应然的秩序，模糊、混淆甚至无视于伦理的权利与义务。据网易新闻 2013 年 9 月 22 日转引上海《新民周刊》的一份《张曙光案揭出院士评选黑幕》报道，原铁道部运输局局长张曙光在庭审现场公开承认在其受贿金额中，有高达两千多万元用于参评院士的"打点"中，并且在其研究机构、原单位的鼎力相助之下抱着势在必得的架势，院士作为个人荣誉，其所在机构为何倾力相助？

对于普通百姓来说，院士评选过程神秘而陌生，只有在每一届增选院士名单公布时，才可能从新闻中听到这些大学者的名字。因此，当张曙光自曝院士评选"需要用钱"时，很多人顿觉惊诧。但对那些有机会参选院士的机构来说，评院士"要公关"却并不是什么新闻，这些机构包括科研院所、高校、医院、大型企业等。"我一点也不觉得惊讶，张曙光只是冰山一角。"顾海兵对《新民周刊》说。事实上，2005 年一批老院士就曾经对院士评选制度中的不正之风进行抨击，其中早就提到，增选院士过程中，有被推荐人所在单位出面公关，贿赂送礼。按照院士定义，院士称号是国家授予科研工作者个人的荣誉，那么，为什么出面公关的会是单位？

中国科学院在其《中国科学院院士章程》中对院士增选有明确规定，院士候选人通过以下两种途径推荐，不受理本人申请：（1）院士直接推荐候选人；（2）国内各有关科学技术研究机构、高等院校和中国科协所属一级学会，按组织系统推荐候选人。

2006 年故去的中国科学院院士邹承鲁，在 2005 年接受媒体采访时说道："我不主张取消院士制度，但是应该取消'单位推荐'。"国外是没有单位推荐的，单位推荐弊端非常多。按规定,增选院士候选人一旦被发现进行"公关活动",候选人资格就被取消,于是不少单位出面四处活动,送礼行贿;还有的单位把别人的科研成果往一个人身上堆,大力包装,受害人也不敢举报作证。个人侵占他人成果很容易辨认,但是单位来做的话就隐蔽很多,特别是保密单位。当时,也就是 8 年前,邹承鲁说:"是到了该取消单位推荐的时候了,增选院士候选人完全可以由院士推荐,大家是同行,彼此了解情况。"

邹承鲁院士的说法,如今在张曙光身上得到印证。据报道:"张曙光第一次被推荐为中科院院士候选人时,时任部长刘志军曾在铁道部系统内说,集全系统之力,张曙光势在必得(院士)。"

除了直截了当地送礼公关,候选者单位还要为候选人创造各种条件,以取得投票者的认可。按照《中国科学院院士章程》,院士候选人由本学部院士差额无记名投票选举产生,获得赞成票不少于投票人数 2/3 的候选人,按照本学部的增选名额,根据获得赞同票数依次入选,满额为止。按要求,候选人与投票的院士要回避见面,但是,一些候选人所在的机构总是能巧妙地安排时机,让候选人与投票院士"巧遇",比如,一些学术会议,既邀请投票院士又邀请候选人。①

尽管院士需要由本部门推荐,但毕竟荣誉属于"个人",为何单位要倾举全力相助呢? 据悉,已落马的原铁道部部长刘志军称为了铁道部的集体荣誉,要不惜举全系统之力,集体为张曙光"量身定做"系列学术论文和专著。"院士"之称已远远突破了仅为荣誉的象征,经过 20 年的成长,成为一个人人觊觎的、意味着金钱和特权的头衔。其有形的好处包括经济上的待遇:津贴、交通报销上的等级、医疗报销、配车,一个院士可以享受副部长级别的待遇。同时,院士无形的特权来自被赋予的专业权威,这种专业权威能够给其部门带来"面子"和"实惠",院士人数与其所在部门利益密切相关。对于科研系统,院士会提升单位级别,获取更多的机会。重大课题项目申请、博士点申请等能带来可观经费的项目,在院士的牵头下,很容易申请成功,院士带来的收益将远远超出公关费用,以至于院士评选不只是个人的事情,而是整个部门、研究机构、单位的事情了。

当经济利益与行政权力进入学术共同体,将改变其内在的价值属性,使其中的关系趋向复杂化以及使评判、践履行动的标准模糊,就如化学变化一样悄然改变其内在的本质和属性,学术研究成为利益角逐的工具。这必然会破坏学术领域"应然"的伦理关系和秩序,影响学术的创新和发展。

---

① 黄祺张曙光案揭出院士评选黑幕[EB/OL]. http://focus.news.163.com/13/0922/09/99C9TGMK00011SM9.html. 2013-09-22.

(三)学术评价与管理机构的伦理特征

学术评价和管理机构不是直接从事学术研究活动的机构与部门,却影响着学术研究的基本走向,对学术的发展起着极为重要的作用,学术评价与学术管理机构是学术活动链条上不可或缺的一环。

1.学术评价机构的伦理境况和冲突

学术评价本来对学术研究活动而言只是起着一种辅助的作用,学术评价作为学术活动中的一环,其本身只是扮演着一种价值中立的角色,是一种价值判断。"所谓评价,就是决定某种活动、目的及程序价值的过程,这个过程,分为目的的明确化、收集有关合适的情报、意识决定三个阶段,评价所追求的目的便是为达到目标而最有效地去灵活使用手中所掌握的资源。"[①]一般而言,"评价"包含两个因素:评价者、评价对象。学术评价是指对学术进行的评价,学术评价具有较强的专业性和一定程度的复杂性,评价者根据评价需要可分为委托方和受委托方。评价部门进行评价时会根据评价对象的专业特点邀请其专业的一些资深专家和学者进行评价,以取得客观、公正、中肯的评价结果。评价部门为委托方,被聘请的专家、学者即为受委托方,须要评价的部门或个人即为评价对象。评价是一种有目的的价值评判活动,总是围绕着事物的价值和有用性进行的。

美国学者格朗兰德从评价的方式和性质上予以阐释,揭示了评价的基本特征,认为:评价=测量(量的记述)或非测量(质的记述)+价值判断。[②] 这种"量的记述"和"质的记述"即目前我国学术评价的两种基本的方法:量化评价和同行评价(质的评价)。学术评价把学术活动中所有相关因素都卷入其中,与学术活动主体产生多种相应的关系:委托方(诸如国家自然科学基金委员会、全国教育科学规划办)与评价对象(学术成果、学术计划、学术人或者学术组织机构)、委托方与受委托方(专家评委等)、受委托方与评价对象以及三者之间形成的交互关系构成了学术评价过程中的复杂的实体性关系。委托方希望受委托者能秉着客观、公正、专业的态度对评价对象进行评价和对其价值进行评估,以便合理地分配学术资源或者进行奖励。而评价对象则希望受委托者进行评价时能多看优点、长处与努力,渴望秉着发展性的态度进行评估。委托者与评价对象的关系更为直接,并且会因为评价结果的作用、功能和影响的发挥而显得更为复杂。因为评价作为一种价值判断活动具有鲜明的目的性,不仅仅是为了评价而评价,评价结果的影响、作用和功能是评价活动

① [日]庆伊富长等.大学评价——评价的理论与方法[M].王桂等译.长春:吉林教育出版社,1990.
② 陈玉琨.教育评价学[M].北京:人民教育出版社,1998.

的目的、出发点和合理性的依据。而这些作用和功能的发挥不是"自然而然"地"自动"地实现的,是需要借助一定的"中介",奖励一般而言是一个非常重要的中介。奖励对达到评价标准的个人、组织或者机构部门也是一种正面的肯定和对其行为的一种有益的强化,能发挥学术评价对学术活动应有的规范、导向、激励之目标和激励的作用、功能。同时,这个奖励的中介在某种程度上使各方的关系显得更为复杂,因为对巨额奖金、项目资金的追逐和获得更大的声誉,使学术活动不轨现象频出,冲击着学术伦理的基本底线,破坏学术伦理秩序,也激发出学术研究活动中的潜在的追名逐利的功利性思想,产生功利性的学术价值观。学术的非功利性价值观是学术研究的本质和宗旨,学术研究是一种探究和发现的活动,需要获得的是学术界的承认和认可,与各种奖励制度尤其是巨额的物质奖励或者学术特权存在着矛盾。当前很多的津贴直接与学术奖励挂钩,如岗位津贴制度要求获得者必须在一定级别的刊物上发表多少篇文章,科研奖励规定学者发表多少篇一定级别的文章可以获得多少奖励金额,这为学术伦理失范埋下了隐患。同时,不公正、不合理的评价或者科研成果过度量化的评价管理方式也容易使一些科研人员心理失衡,产生成果数量成为研究目标的本末倒置的行为。这样一来,追求数量的恶性结果必然会产生弄虚作假、伪造、抄袭等不正当手段。奖励应是对研究者首创性、开创性工作的强化、激励,以精神激励人们追求真理、发现真理、进行科研创新,实现科学价值目标。过度物质的刺激或者与之伴生的学术特权将会使评价机制和奖励机制最终失灵,导致学术不端行为的频出。

同时,学术评价导致奖励制度与学术规范结构存在内在的冲突和矛盾,表现为研究目标与手段评价的失衡。学术奖励看重的是学术成果,获得成果的手段即如何取得成果不是其评判的范畴;学术规范则要求学术研究过程、手段的合法性,成果的取得或者对成果是否奖励则不在其考虑的范畴之内。有学者指出:"科学家们从科学共同体中所得到的职业上的承认,主要是一种对科学上成功的奖励,而不是对遵循科学规范的奖励……意味着在规范体系和科学奖励系统之间存在着矛盾的特征。"[1]这种矛盾使学术活动面临巨大的挑战,为学术不端留有极大的空间,是导致学术不端的内在原因。学术评价使学术活动中所有的因素卷入其中,产生多种关系,学术伦理要求学术关系基于学术精神指导之下,基于"应然"的态度发扬学术求真追善的本质,学术奖励使彼此间的关系复杂化,不正当的学术奖励更是挑战学术伦理的底线,破坏学术关系的"应当性",淡化主体间的道义要求,蜕化为纯利益关系,这是导致学术伦理失

---

① [美]李克特.科学是一种文化过程[M].顾昕,张小天译.北京:生活·读书·新知三联书店,1989.

范的内在诱因。

2.学术管理部门的伦理境况和伦理冲突

学术管理,简而言之,是对学术研究活动以及学术事务的管理。上述在对学术研究机构的分析中阐明,目前我国最主要的研究机构是各级各类大学,同时也有一些非大学的科研院所,但是占着极少的比例(即便如此,也存在着对学术的管理活动和相关事宜)。大学对学术的发展和创新起着极为重要的作用,因此,一般认为学术管理多指的是大学的学术管理。然而本研究认为,学术活动是一种探究真理、传播真理的活动,其不仅仅局限在大学这一种机构之内(这一点前面已有过分析)。学术管理在我国非仅指大学自身对学术的管理活动,凡是对学术的管理起着影响作用的,不管来自校内还是校外其他的行政部门均可成为学术管理部门或者机构。如有些学者认为:"学术管理不只是指高等学校自身对学术事务与活动的管理,还包括高等学校以外的各种社会组织、机构或势力对有关学术事务与活动所发挥的某些影响和作用,如政府对高等教育事业发展的规划,有关学术团体对高等学校学科、专业、课程设置的干预等,都是宏观层次的学术管理。"①学术管理的主体趋向多样化,其管理模式或者学术管理主体的充任受到本国高等教育管理的传统、各历史阶段的特点和社会政治、经济、文化发展的影响。这种多层次和多角度的管理主体的存在,使各管理主体能够灵活地根据学术研究中的不同情况做出不同的安排和处理,从而推动学术的发展和创新。各管理主体代表不同的机构部门围绕着学术活动而形成客观的实体性关系,并且在这关系的秩序中有着其内在的"应然性"和"应当性",这种"应然性"和"应当性"以彰显学术的本真为目标,凸显着学术的伦理要求。

但面对学术功利性思想的侵入现状,学术成为利益、行政权力胶合的统一体,学术伦理意识淡薄,学术已然成为一件偏离、不完全隶属于学术共同体的事业。学术管理也倾向于功利化,在利益冲突面前管理部门往往以利益为目标而不是以学术的发展创新求真为导向,导致本末倒置的状况,产生学术不端行为。据载入腾讯新闻的《羊城晚报》2014年1月9日《王正敏事件拷问院士评选机制》一文报道:

复旦大学附属眼耳鼻喉科医院教授、中国科学院院士王正敏被举报存在学术不端的事件在继续发酵。日前,王正敏当年申报院士时的7名推荐人中,有4名院士向中国科学院递交了联名信,称王正敏在申报院士时确实存在造假行为:一是他将个人专著拆分成14篇文章,发表在他自己主编的杂志上,这些都是"假论文";二是他把非研究性的一般性文章(43篇),冒充正式论文放入申报材料,这是地地道道的学术造

---

① 别敦荣.学术管理、学术权力等概念释义[J].清华大学教育研究,2000(2).

假。他们建议撤销王正敏的院士资格。

围绕着王正敏院士发生的这一系列风波，让人们对院士制度的弊端有了更深刻的认识：以前人们多是批评院士在待遇、占有和分配学术资源方面的问题，而现在，人们突然意识到，院士的产生机制可能存在问题，因而相关院士的水平也可能是有问题的。如果不合格的院士掌握着这么多这么重要的资源，该是一件多么悲哀的事。

事实上，王正敏的辩解经不起仔细推敲。如果说将专著拆分成论文，人们可能还存在不同看法的话，连续在自己主编的杂志上发表 14 篇文章，就难逃以权谋私之嫌；而将非研究性论文当作学术论文申报，更是很明白无误的造假了。更重要的是，院士是最高的学术荣誉，因此无论是学术成果方面，还是学术道德方面，都必须高标准严要求。王正敏的这些问题放在常人身上，用"瑕疵""不规范""历史原因"来推脱都已经十分勉强，放在院士身上，更是严重的问题。

值得进一步追问的是，这两方面的问题，并没有多么复杂多么深奥，甚至不需要太多专业知识，一个普通的工作人员，稍微用点心就能发现，为什么却能通过重重的审核呢？学校、推荐专家、多轮的审核与投票，这些关卡为何能轻而易举被突破？

答案或许并不复杂，恐怕就是利益和人情。从学校来讲，院士本身就是学校重大的资源，所以要不遗余力地扶持老师争取院士资格，让学校在学术道德上把关，恐怕是个奢侈的要求。而对于推荐专家来说，大家都是在一个圈子里混的，低头不见抬头见，既是熟人，又有可能在别的事情有求于人，于是便做个顺水人情。

这也表明，当前的院士评选机制存在问题。治理这一问题是个系统工程，但有一点必须突出：那就是强化责任。比如学校、推荐人审查不严，导致出现今天的局面，那就应该追责。惩前毖后，才有可能令院士评选变得公正与干净。但我对此并不乐观，之前张曙光收取巨额贿赂用于评选院士，差点当选，但至今也没有得到工程院的明确回应，真相依然不明，更不要说追究哪一位院士的责任了。相比之下，王正敏的问题还是个"小"问题了，问责可能更谈不上了。①

诚然如文中所说：这些不需太多的专业知识，普通的人稍微细心一点都能发现的问题为何能通过层层的审核呢？院士评选不是要过五关斩六将吗？中科院是如何进行资料审核的？复旦大学作为学术管理机构基于什么目的推荐？院士资格、数量等能为学校带来重大的资源和学术权利，不遗余力扶持教师争取院士资格无疑为其最主要的动机。利益的刺激难免会导致其放弃对申请者学术道德的把关，这势必破坏应然的学术伦理秩序和学术伦理权利及责任的平衡，弃"应当"与"应该"而不顾，从伦

---

① 周云.王正敏事件拷问院士评选机制[EB/OL].http://edu.qq.com/a/20140109/014276.htm.2014-01-09.

理角度而言这是学术管理机构的"善"的丧失和"恶"的显现,是学术伦理沦陷的根源。

三、学术伦理规制的主体阐释

谁来规制学术主体,提升学术主体的伦理价值观水平,强化学术伦理意识? 在交织着利益和充满功利性的情况下,学术伦理规制的主体不采取和制定相应的措施、规范,单靠学术人的内在自觉和所谓的道德自律而内化学术伦理价值、规范,并外化为相应的符合伦理规范的行动无疑缺少现实合理性和可能性。

(一)学术伦理规制的制定机构

毫无疑问,制定规制学术伦理的机构无疑是管理学术事务的机构,而如前所述学术管理在我国非仅指大学自身对学术的管理活动,凡是对学术的管理起着影响作用的,不管来自校内还是校外其他的行政部门均可成为学术管理部门或者机构。因而由于学术活动的复杂性使学术管理机构主体具有多样性。学术管理机构包括高校在内的一系列研究机构,所以高校作为学术研究的主体也是规制学术伦理的主要力量,比如说发现教师的学术不端行为,高校一般将处理的权力交给学术委员会或者系部领导,系部或学术委员会会根据具体情况进行调查或者邀请相应学科的专家再次进行核查和评价,并据此做出判定和结论。如复旦大学的"王正敏院士造假门",在举报者举报后,"复旦大学学术规范委员会的报告认定了王正敏'一稿多投'及在自己学生的论文上署自己名字,并且作为自己学术成果的情况;同时认定王正敏在申报科学院院士过程中,有'不实事求是'行为,报告认为王正敏应就院士申报论文材料中存在不实事求是的做法'向中国科学院做出说明'"[①]。学术研究管理部门这种"自上而下"的权力下移的处理学术不端行为的方式,在具体操作中无疑是典型的既充当"裁判员"又是"运动员"的监管方式,在各方利益交织一起或者利益冲突的情况下,公正性难以得到保证,这是本研究提出学术伦理制度化的理由之所在。中国科学院在经过央视等媒体报道后,宣布认真彻查此事,绝不姑息。显然,拥有学术权力的部门是学术伦理规制的制定机构,学术权力是学术伦理规制的动力。

(二)学术伦理规制的动力分析

1.学术权力与学术伦理规制动力的内在机理

有研究者认为:"伦理规制是伦理理念和精神的外化形式,是伦理规范及其特定

---

① 注:资料来源王宇澄与王正敏反目. http://hlj.sina.com.cn/edu/news/2013-11-14/134937007_3.html

的社会运行保障机制的统一。"①伦理规制也是具有社会强制力的规制,"伦理规制是社会规制的组成部分,具有一般社会规制的基本内涵,即它是具有社会强制力的规则及其实施活动和机制。"②显然,学术伦理规制则是从伦理的角度对学术这一领域进行的规制,学术是通过具体的、客观的活动或者主体呈现的,对学术的伦理规制实质则可具体化为对学术活动、学术主体实践的伦理规制。世界上没有任何一类或者一个机构或单独的个体无须任何内外的压力、道德伦理的规约却能一直"从心所欲不逾矩",伦理规范的存在是与人、人群伴生的。那么,伦理规制的实现机制是怎么样的呢? 它的动力来自哪里?

从规制的基本要素推演出来,伦理规制是面对学术研究领域的某种程度的"失灵",以伦理内在的价值规范、伦理理念和外在的规约、约束为手段从而矫正和规范学术的一种管理活动。学术伦理的规制是以内在的价值规范、伦理理念和外在的规约、约束为规制手段,规制的客体是从事学术研究的学术人(学者、研究者、硕博士等)、学术活动,规制的目的是矫正和规范学术活动,提升学术研究的伦理素养,从而推动学术的创新和发展。从学术伦理规制的手段即伦理价值、伦理理念和外在的规约、约束而言,对学术人伦理规制的原动力,即"power"来自两个方面:一个是自律的,通过道德的、理念等价值层面的,来自学术人本身;一个是"外律"的,通过政府部门、学术管理者等制定的制度、规则、规约,即对学术活动有着管理权力的部门、机构或个人,形成了学术伦理规制实现的外援动力。从学术权力的范畴来看,这内外的约束力来自学术权力的主体,组成了学术权力的内核部分。那么何为学术权力,谁是学术权力主体呢? 从学术权力的类型来看,在范德格拉夫等著的《学术权力——七国高等教育管理体制比较》一书中,伯顿·克拉克提出了学术权力的十种概念,第一种是教授个人统治,第二种是教授集团统治,第三种是学者行会权力,第四种是专业权力,第五种是魅力权威,第六种是院校董事权力,第七种是院校官僚权力,第八种是政府官僚权力,第九种是政治权力,第十种是高等教育的学术寡头权力。③ 此种解读中,学术权力分为管理学术权力和学者学术权力两类,学者张珏也把学术权力分为两类:"学术权力可以分为系统学术权力和学者学术权力。"④显然,不管学术权力的类型怎样,学术权力是与控制学术活动和学术事物相关的一种权力,均涵盖着管理学术活动这一基本的意思。而学者别敦荣从权力的本质出发解读学术权力并清晰地分析学术权力的主

---

① 战颖.中国金融市场的利益冲突与伦理规制[M].北京:人民出版社,2005.
② 丁瑞莲.金融发展的伦理规制[M].北京:中国金融出版社,2010.
③ [加]范德格拉夫等.学术权力——七国高等教育管理体制比较[M].王承绪译.杭州:浙江教育出版社,2001.
④ 张珏.试论大学的学术权力[J].黑龙江高等教育,2001(3).

体,其认为:"就学理而言,学术权力指管理学术事务的权力。其主体,即权力的掌握者或行使者,可以是教师民主管理机构或教师,也可以是学校行政管理机构或行政管理人员,还可以是政府及其高等教育管理部门等;其客体,即权力的作用对象,必定是学术事务;其作用方式,可以是行政命令式的,也可以是民主协商式的。"①学术伦理的外动力来自学术权力的作为,显然学术权力作为公共权力的一种也是契合"规制"的内涵"针对私人行为的公共政策"。在此,可以将作为学术伦理规制的原动力的学术权力主体分为两块:一块是行政管理部门所拥有的管理学术活动的权力;一块是学术研究者即学术人自身所拥有学术研究、有关自身专业活动的权力,即学术管理权力和学者学术权力,各自权限范围均不一样。

2.学术权力与学术伦理规制的交结与背离

学术权力作为学术伦理规制的原动力,极大地影响着学术伦理规制的有效性,而学术权力主体的多样性给伦理规制带来动力也同时存在挑战。当两方面力量配合密切,合二为一则推动规制的有效实现。反之,若两者相互消抵,则阻止学术伦理规制效力的发挥,其存在的状态表现为两者的交结和背离,其内在机制切合的程度影响着伦理规制实现的广度和宽度。

学术权力与学术伦理规制的交结,学术伦理规制的实现是外在制度、规范的制约而形成的"他律"与内在伦理、道德的规约而导致的一种"自律"相结合,学术伦理是伦理理念和精神的外化。学术权力作为"针对私人行为的公共行政政策"的伦理规制的动力之源,是规制对象"自律""他律"产生的动力机制,为学术领域"公共利益出发制定的规则"的关键前提,是保证学术伦理规制实现的基本条件。而学术权力作为学术领域的公共权力,它本身也是一种维持、调整和发展学术领域基本秩序和追求学术价值利益的强制性力量,其本身的公平、正义和对"善"的追求则是其基本的伦理维度,于学术伦理规制的实现有着重要的意义。学术权力的基本伦理维度主要应表现为防止权力异化,保护主体的价值利益和价值层面上最终"幸福"的实现。

伦理规制本身也可以牵制、规约权力的运行,学术权力本身也需一定的道德约束才能致其走向伦理向善的追求。古希腊"三哲"之一亚里士多德认为:"最好的政体是本来意义上的贵族制,公开致力于追求美德的统治集团的纯粹统治。"②他十分注重权力的至善性的追求。我国《礼记·中庸》云:"大德必得其位,必得其禄,必得其名,必得其寿。"否则,将会失其位、其禄、其名、其寿。道德支配着人内在的信念,关乎良心也寓含德行,必定要外化为具体的行为。以道德约束权力,以道德信仰唤醒人内心的

① 别敦荣.学术管理、学术权力等概念释义[J].清华大学教育研究,2000(2).
② 俞可平.西方政治学名著提要[M].南昌:江西人民出版社,2000.

耻辱之心,实现伦理精神的外化,控制外在的行为。学术权力的主体毕竟掌控在一小部分人手中,这部分人的道德水平和伦理状态往往对学术权力的使用意义重大。正如孔子在《论语·颜渊》所言:"君子之德风,小人之德草。草上之风,必偃。"也就是说掌有权力的人的道德如风,老百姓的道德如草,草随风倒,正所谓官员的道德水准决定着整个社会的道德大环境。孔子还在《论语·子路》中有言:"其身正,不令而行;其身不正,虽令不行。"所以掌权者应重视道德修养,清正廉洁,少怀贪婪之心。

学术权力与学术伦理规制的背离表现为学术权力的异化。权力有着迫使他人按照事物主体行动的特征,公共权力是使人类社会和群体有序运转的管理能力,所以在本质上凝聚着也体现着公共意志的力量,是事物运行的原动力。"公共权力异化就是指权力的作用方向偏离了权力主体的意志,背离了权力主体的利益或权力的作用力度不到位。"①异化是一种质的变化,改变原有的性质,变得不再是原来的事物,学术权力的异化"实质上是权力的性质发生变异,把本应保障高等学校学术活动和学术事务运行的强制性力量演变为限制、阻碍学术发展的过程或现象"②。学术权力的异化必然会导致规制力度不足,从学术主体而言,异化主要表现在学术管理权力和学者学术权力使用的偏向。

从学术管理权力角度而言,学术领域的独特性会导致学术权力行使的目的失误,没能很好地遵守学术自身的发展规律。管理中的急功近利气息蔓延,导致学术研究功利化,压抑了学术研究的发展和创新。学术管理权力中充斥着行政管理中的"效率""时效"等气息,职称、工资等与课题、论文、刊物以及刊物的档次连在一块,该"十年磨一剑"的事成为"只争朝夕",科研只重数量不重质量,衍生大量泡沫学术。学术研究本为一项艰苦的知识劳动创造,需要沉下心做长期的积累和漫长的探索,外在的学术管理权力应该为学术研究创造一个宁静自由的环境进行知识探索。而学术管理不断且不当地干涉学术,不尊重学术研究内在的研究规律,干涉着学术自由,会造成学术外围环境的浮躁、不安,抽取学术领域宁静的研究氛围和外围环境。学术管理权力不能更好地渗入研究领域和发挥正面的效力,两者沟通不足,就会妨碍学术发展。

于学者学术权力视角来说,《庄子·刻意》中曰:"语仁义忠信,恭俭推让,为修己而已矣;此平世之士,教诲之人,游居学者之所好也。"此为庄子笔下的学者,游学而议论,安居一隅而传讲,"盖是学者之所好"。一直以来,学者均是具有高深学问、具有一定专业技能和文化水平的人。专业性和学问素养是学者的特色,学者权威因此而来。同时,专业隔阂也因此而生,学术专业的特殊性并存封闭性,非本专业的因素难以进

① 林昌建.驾驭权力烈马——公共权力的腐败与监控[M].杭州:浙江大学出版社,2003.
② 黄永忠.高校学术权力的异化和规制[J].现代教育科学,2013(1).

入,学术素养与专业隔阂往往会诞生本领域的学者权威,导致学术权力的当权者"在其位"可以"谋其政"。当学者浮躁,难以静下心来钻研学问,掌权者则往往会以学术公共权力进行"学术寻租",谋取自身的一己私利,"潜规则"地去追逐稀有的学术资源,学术权力异化为自己谋取利益的工具,可从大量的"学术大款"或"学术暴发户"中窥豹一斑。

这些因素导致了学术领域的风气不正、道德水平下滑、伦理失范。学术权力的异化引起学术领域对自身道德失范问题的调节力度不足,无法实现对学术共同体的公共利益的追求,直接影响伦理规制的效力、学术研究领域的伦理救赎。

3.学术权力与学术伦理规制的实现

学术权力的异化从学术权力本身的特点和运行状态来看,表现为学术权力间的背离。规制学术权力的异化,有效实现学术伦理精神外化、矫正学术道德失范可从两方面进行考量:提升学术权力主体的伦理维度;保持学者学术权力和学术管理权力的适度张力。正本才能清源,学术权力作为实现学术研究领域的公共利益的伦理规制的动力之源,关乎学术伦理规制的有效实现。

提升学术权力主体的伦理维度,以伦理精神制约权力,一般而言,伦理道德的约束力较之社会其他强制性的社会约束往往是较微弱的,是一种隐性的依靠舆论、习俗甚至是个人的自我担当来维护的。那么,伦理何来力量来制衡权力?美国学者约翰·布鲁贝克曾说过:"基于学者是高深学问的看护人这一事实,人们可以逻辑地推出他们也是他们自己伦理道德准则的监护人。那么谁是这些监护人的监护人呢?没有,只有他们的正直与诚实才能对他们自己的意识负责。"[①]学术伦理作为学术研究主体进行学术研讨和知识创新的内在价值指向,具有一种普遍性伦理约束,是研究主体对学术道德规范遵守的内在的力量,迫使研究主体自觉地内化伦理价值规范,促使道德规范在个体自我意识中的生成。这种自觉的伦理意识可以唤醒学术主体的耻辱之心、敬畏之心、诚实之心以及学术理性。羞耻之心是行为主体在伦理之"善"面前的呈现,调节行为主体的意识把行动控制在应当、应该的领域。敬畏之心更是遥控人的行为的伦理意识,划定着行为主体的行为界限。诚如康德所说:"有两种东西,我对它们的思考越是深沉和持久,它们在我心灵中唤起的惊奇和敬畏就会日新月异,不断增长,这就是我头上的星空和心中的道德律令。"[②]理性是人类社会活动顺利进行的核心思考,权力合适地行使该是一个理性选择的过程,权力的合理使用实现社会的公平和正义,指向伦理向善,"理性是行为道德的核心

---

①　[美]约翰·布鲁贝克.高等教育哲学[M].王承绪等译.杭州:浙江教育出版社,2001.

②　[德]康德.实践理性批判[M].邓晓芒译.北京:人民出版社,2003.

精神,且构筑起了行为人的内在精神品格的主体框架,在这个主体框架中,理性精神又具体表现为人类行为的正义取向和利益追求"①。

面对学术权力的异化导致的学术道德不端行为,社会、学界从不同的视角寻求解决的方案,但对学术界这一特殊的精神、知识、科技研发和创新领域,其专业化、专门化较强的特点衍生出固执而脆弱的特性。学术管理从制度角度、程序角度还有从权力制衡等不同视域出发,均有着一定的效果,但对于学术道德问题难以获得满意效果。学术管理权力过度张扬必定会扰乱学术发展的规律,妨碍学术自由,行政权力觊觎学术领域,阻碍学术创新。同时,学者本身因其专业能力和学术水平而在本专业拥有特定的权力和权威会抵消学术管理效力、抗衡学术管理权力。例如对于学术道德不端行为,对于学术资源的分配问题,曾企图从制度上予以遏制,但实际效果并不是很好。比如实行量化评价,会产生重数量不重质量的负面结果;定质的评价又难以判定;那么同行同专业人士评价,则又会受到人情、偏见等影响;匿名评价制度在越发专业化的现在极其容易判定作者是谁,反而在无形之中产生同行保护、学术的近亲繁殖等。这都是学者学术权力反弹的明证。很多看得见的、存在着的而法律无法规制到的恶的领域恰恰是伦理的地盘,而伦理缺位必然导致道德失范,学术伦理恰恰具有这种"不仅能把学术所处的环境、体制、制度、道德等范畴统合起来,以达到学术治理实践中我们所希望的'自律'与'他律'的良性互动,而且更有助于学术人个人心灵的净化、人格的完善"②。学术伦理失范才是学术道德失范的本质所在,遏制学术伦理失范是遏制学术权力异化、实行伦理规制、重建学术伦理道德、治理学术权力异化的根本之所在,也是学术伦理规制的意义之所在。

① 李建华.法治社会中的伦理秩序[M].北京:中国社会科学出版社,2004.
② 罗志敏.学术伦理的力量[N].中国教育报,2011-2-21(04).

第五章　学术伦理规制的实施

在对学术伦理失范原因的追析中,本研究分析认为相关学术主体在学术伦理关系域中责权意识模糊、伦理关系认知混乱、学术伦理价值观错乱等是造成学术伦理水平低、出现学术不端等伦理问题的深层次原因。本研究第四章分析学术伦理规制的内在价值基础是一套促使学术"向善"的伦理价值理念及其实施的内在机制,是以矫正学术伦理价值观和提升学术伦理意识水平为目标的规制体系,其目标指向是促使学术"向善"。要使学术伦理价值理念具有现实性、走出抽象的价值符号意义状态,基本前提是需要把这套学术价值理念内化到学术主体的思想意识中去,成为调节学术活动的行为指南。就如前面所分析的学术伦理规制就是学术伦理精神、价值理念内化到学术活动相关主体的依据和保障,通过学术伦理规制使相关主体的学术活动得到限制和矫正,从而间接提高学术管理活动的有效性。本章学术伦理规制的实施将从如下几个步骤进行:首先是学术伦理价值观的培养和教育,即价值维度的建构;其次把相应的伦理价值规范要求制度化,即制度维度的建构;然后通过组织建设使制度进一步落实,走向实践,具有现实指导意义,即组织维度的建构;最后从利益的维度进行建构。

一、价值维度的建构：学术伦理价值观的培育

事物内在的矛盾冲突是其发展的根本原因，毛泽东指出："外因是变化的条件，内因是变化的根据，外因通过内因而起作用。"学术伦理、学者自身的学术道德品性是学术道德建设的重要一环，是指导行为的内在动因。学术伦理规制的首要任务是学术伦理价值观的培养，明确基本的学术伦理规范、规则，这是形成学术伦理价值观的逻辑起点，也符合学术伦理是由内在的学术价值观和外在的规则、规范统一的特性。有效的学术伦理价值观的培育离不开合理、全面、有效的学术文本建设。

（一）学术伦理规范的文本建设

英语中"文本"一词为 text，译为课文、正文、本文等，法国现象学重要代表人物利科尔在《诠释学与人之科学》一书中解读其为"任何由书写所固定下来的任何话语"，并与"作为口语形式出现的话语区分开来"①。文本是固定的、实体性、文字化的以书本形式存在的话语，相对于稍纵即逝的语言，文本是以文字形式固定化的口语，文本具有永恒性。但由于"文本由于书写的固定性而被简化，失去了本有的特定语境，因而文本的意义就变得不确定了"②，这说明作者在文本中企图传递的意图与读者理解之间存在一定的距离，就像"一千个读者有一千个哈姆雷特"一样。固定、稳定、明确的规范文本建设是有效进行学术伦理价值观教育的前提，学术规范文本作为传达学术精神、体现学术价值观的依据，是学术规范有效内化的基础，在内容表达上必须准确、明了、到位，在实施中要具有可操作性等特点。

学术规范文本建设一直伴随着学术规范建设，自 20 世纪 90 年代以来随着学术不端现象的出现和泛滥，相关学术部门不断进行学术规范的制订和修改以遏制学术不端行为，经历了从最初的学术技术规范到学术道德和态度层面的要求和规范，再到学术评价和学术管理层面，最后转到学术规范建设层面。这期间学术规范文本不断增多，学术管理相关部门、学术研究机构等都不断有学术规范文本出现，如教育部2002 年发布的《关于加强学术道德建设的若干意见》，2004 年发布的被称之为"学术宪章"的《高等学校哲学社会科学研究学术规范》，2005 年颁布的《在线发表科技论文的学术道德和行为规范》（教技发中心函〔2005〕193 号），2006 年颁布的《关于树立社会主义荣辱观进一步加强学术道德建设的意见》，2009 年发布的《教育部关于严肃处理高等学校学术不端行为的通知》（教社科〔2009〕3 号）。与此同时，与国家各部门的

---

① ［法］利科尔.诠释学与人文科学［M］.陶远华等译.石家庄：河北人民出版社，1987.
② 彭启福.理解之思——诠释学初论［M］.合肥：安徽人民出版社，2001.

学术管理相回应,一些部属、地方性大学和科研部门也加快了学术活动的规范建设,如 2002 年的《北京大学教师学术道德规范》,2005 年的《复旦大学学术规范及违规处理办法》,现今几乎每所高校均已制定关于学术道德规范的文本。然而,系列学术规范的制定并未有效地阻止学术不端行为,其中固有其他方面的原因,但规范本身的"规范性"也会影响着学术规范的有效性。通过对现有一些学术规范文本的梳理和分析,发现在思路、路径、操作等方面阐述不清、表现不明,导致内容看似清楚实则模糊,实践操作上更是难以入手。有效的学术规范文本是学术伦理规制实现的基础和保障,是学术道德规范内化的前提,学术伦理规制的目标则是通过规制的力量发挥学术伦理的内在价值,内化学术道德规范无疑是其中一块。所以,学术规范文本建设也尤为重要,下面以现有的一些学术规范文本为例分析学术文本建设的要求和需要注意之处。

1.关于学术伦理规范文本的内容

学术规范的内容清晰、明了才具有实践性和生命力,然而实际中很多的学术规范说了一大通,也看得清楚,但实际上碰到问题时则如什么都没有说一般,作为实践依据的力度不强。学术规范一旦制定则是行为指导的依据和学术规范教育的依据,在实践中对行为具有指导性的价值和意义。如内容拖沓不清、表述不明、意义模糊,则模糊行为的边际,产生不了相应的约束力,发挥不了作为规范的基本作用。这种模糊主要表现在:内容模糊、条款指向不明和相关语义表述不清等。下面是某大学的《研究生学术道德规范》一部分内容。

第三条 全体研究生在从事科学研究的过程中,应严格遵守《中华人民共和国著作权法》《中华人民共和国专利法》、中国科协颁布的《科技工作者科学道德规范(试行)》等国家有关法律、法规、社会公德及学术道德规范,要坚持科学真理、尊重科学规律、崇尚严谨求实的学风,勇于探索创新,恪守职业道德,维护科学诚信。应当遵守下述基本学术道德规范:

(一)在学术活动中,必须尊重知识产权,充分尊重他人已经获得的研究成果;引用他人成果时如实注明出处;所引用的部分不能构成引用人作品的主要部分或者实质部分,从他人作品转引第三人成果时,如实注明转引出处。

......

(三)在对自己或他人的作品进行介绍、评价时,应遵循客观、公正、准确的原则,在充分掌握国内外材料、数据基础上,做出全面分析、评价和论证。

以上文本是"研究生学术道德规范",但显然在问题的依据和陈述上有问题,学术道德规范显然与法律规范差异很大,第三条"应严格遵守《中华人民共和国著作权法》

《中华人民共和国专利法》、中国科协颁布的《科技工作者科学道德规范（试行）》等国家有关法律、法规、社会公德及学术道德规范"和"应当遵守下述基本学术道德规范"这样的表述显然有所矛盾。且第三条"要坚持科学真理、尊重科学规律、崇尚严谨求实的学风，勇于探索创新，恪守职业道德，维护科学诚信"语义不仅重复且感觉是废话、套话，没有意义。第（三）中"在对自己或他人的作品进行介绍、评价时，应遵循客观、公正、准确的原则，在充分掌握国内外材料、数据基础上，做出全面分析、评价和论证"，对他人介绍评价时要尊重规律且后面又要"全面分析、评价和论证"等，语义重复、含混不清。

2.关于学术伦理规范文本的实践操作

学术道德规范文本的制定除了内容清晰、晓畅明白之外，作为行为的指导必须还要具有可操作性，要有较强的实践性指向。在一些大学的学术道德规范章程中会经常看到完全相同的表述、如出一辙的规范，虽然说有些规范难以避免重复，对于同属于学术共同体有的规范是可以相同的，但表述上完全一样也说明某些学校根本没有经过认真思考从而努力制定更符合本部门的规范。如这条学术规范："凡违反学术诚信规范者，经查实后视具体情况分别给予责令改正、批评教育、延缓答辩、取消奖项及学位申请资格等处理"，上海最近有几所大学的学术规范都是如此明文规定的，且不分析这条规范的语义表述情况，规范中"视具体情况"没有进一步的明确指向和评判标准，以抄袭为例，对于研究生来说如果抄袭了，什么时候什么程度时"责令改正"？什么时候是"批评教育"？而什么时候该是"取消学位申请资格"？这样内容模糊、指向不明的条款经常可见。《高等学校哲学社会科学研究学术规范（试行）》其在内容上也是过于笼统，操作性不强，如《高等学校哲学社会科学研究学术规范（试行）》中的第二大点"基本规范"部分：

二、基本规范

……

（三）高校哲学社会科学研究应以马克思列宁主义、毛泽东思想、邓小平理论和"三个代表"重要思想为指导，遵循解放思想、实事求是、与时俱进的思想路线，贯彻"百花齐放、百家争鸣"的方针，不断推动学术进步。

（四）高校哲学社会科学研究工作者应以推动社会主义物质文明、政治文明和精神文明建设为己任，具有强烈的历史使命感和社会责任感，敢于学术创新，努力创造先进文化，积极弘扬科学精神、人文精神与民族精神。

（五）高校哲学社会科学研究工作者应遵守《中华人民共和国著作权法》《中华人民共和国专利法》《中华人民共和国国家通用语言文字法》等相关法律、法规。

（六）高校哲学社会科学研究工作者应模范遵守学术道德。

学术活动主体践履规范需要明白规范，否则认识上的模糊容易使学术研究陷入无序、失范境地，规范意识不强或者欠缺必然会产生学术不端的行为，导致学术伦理意识水平低。有效地内化学术道德规则需在学理层面全面认识学术规范体系和学术规范建设内容，需要全面、详尽、可操作性和指导性强的学术道德规范系统，这是学术道德内化为学术研究者内在需要、德性养成的基础，也是学术伦理规制的主要目标之一。

（二）学术伦理规范教育

学术伦理规制要使学术伦理价值观摆脱作为一堆抽象的价值符号体系状态，具有实践性的意义，必须使它走向现实可行性的操作之中，即转化为一系列具体的学术伦理规范、规则，从抽象的伦理原则转化为具有强制力规制效果的道德实践规范。遵守规范、认可规范是通向学术伦理价值观的第一步，学术伦理规范的制定和教育是必不可少的程序。学术伦理教育起码需要进行学术伦理价值规范、规则的学习和学术伦理规范的宣传。目前对于学术伦理规范的学习教育一般仅限在对学术伦理规范、规则敷衍性的制定当中，是挂在墙上的一个文本，且不说这个文本的合道德性与否，其规范的内容也还处在一个不断发展和完善的过程之中。在前面分析过的关于复旦大学耳鼻喉医院"王正敏院士造假"一事的后续报道中，2014年1月4日复旦大学院方以及王正敏教授第一次正式就其学术造假事件予以澄清，对于其三部专著《耳显微外科》等多幅图片抄袭其导师专著而未注明图片来源一事，王正敏表示"导师给自己的书做了序，也很高兴他的手术向中国推广，并评价自己引用他的图片很小心、谨慎，对书有很好的评价。而且2004年以前，国内很多医学书都没有图片注解。自己的三本书分别是1989年、1996年、2004年出版，不能拿现在的要求去追溯当年"。而"复旦大学学术规范委员会出具了调查报告。报告认为对于图片、内容抄袭的质疑，学术规范委员会认为有大量图片的确与费驰专著中的图片雷同，这仅仅是'不规范'而已。但因费驰教授曾为王正敏的书写序，这表明原作者无异议，因此不违规"[1]。对于院士评选来说，任何的瑕疵都该是零容忍的，但从学术规范的发展史来看，20世纪八九十年代学术规范不健全，造成很多学术造假行为，学术不规范是时代的产物，是学术界的原罪，这更揭示了学术规范、规则的制定、教育的迫切性和必要性。除了所谓的"历史性"原因之外，对于学术伦理失范如前面本研究分析的那样，主要是学术主体自身

---

① 林颖颖，徐妍斐.王正敏回应多项质疑"爱徒培养计划书"太荒唐[EB/OL].http://learning.sohu.com/20140104/n392941651.shtml.2014-01-04.

对学术伦理关系的认知和伦理关系中权责意识的模糊等原因导致,所以学术伦理规制更需要加强学术伦理价值、规范教育,这是伦理规制有效性的前提要求。普适性的伦理价值观需要接受者的内化才能落实并具有现实意义。伦理教育能使这种静态的价值要求和文化符号经过合适的转换、解构变成生动的、具体的、容易掌控的指征,指导人的行为实践。提高学术主体遵守学术规范的自觉性,从而提升学术主体的学术伦理水平,达到正本清源的目的,净化学术不端可能产生的源初环境。如美国学者哈格曼所说:"主要的目标是要发现什么样的环境促成科学不端行为,从而首先尽力并创造一个环境以防止科学不端行为的可能发生。"[①]对于学术不端行为,完成从"治理"到"防范"的战略路径转变,伦理教育的手段、路径可有开设学术伦理的课程和学术伦理的教育宣传、培训等。

对从事学术研究的主体开展相应的学术伦理方面的课程在我国起步较晚,迄今为止只是一小部分大学设有伦理学方面教育的课程。在本研究所做的问卷调查之中,针对"是否开设有学术规范课程(诸如论文写作中的引文规范、注释规范等)""是否开设有学术道德课程(包括论文写作中不得抄袭、剽窃和伪造数据等)""是否有开设诸如《著作权法》等类的课程",95%以上回答的是"没有"。美国密歇根大学早在1984年在《维护学术诚信》中建议开设剽窃、学术诚信、写作规范等学术道德课程,并就如何实施进行方法论上的讨论,得到了美国学术研究机构的认可。[②] 在我国也有一些著名的大学开设有学术道德规范教育方面的课程,如北京大学开设了《学术道德规范与科技论文写作》,作为研究生的必修课;清华大学开设了《科学伦理学》《科学精神与不规范行为》等选修课。教育部等一些教育、科研管理部门也意识到学术道德规范教育的重要性,强调要把学术道德纳入各种类型的课程之中。2002年,教育部最早提出教师职业道德、知识产权、专利和学术规范等方面的教育,并要求将与之相关的知识融入学生思想品德课和青年教师的岗前培训之中。在《关于加强学术道德建设的若干意见》中要求组织教师和教育工作者等教育和学术研究人员学习《公民道德建设实施纲要》等,对加强学术伦理意识、防止学术不端行为起到一定的作用。

除了在大学等学术研究机构开设正规的学术伦理课程进行教育之外,学术伦理的宣传、培训也很重要。实际上对于很多从事研究的人员来说,很多学术伦理规范都没有完全审厘清楚,属于一种无意识犯错行为或者一些不良训练而造成的行为过失,或者由于学术伦理规范的不统一、学术伦理标准的差异,在学术研究中也会产生如美

① Hagmann M. Scientific misconduct-Europe stresses prevention rather than cure[J]. Science. 1999(286): 2258-2259.

② Nicholas H. Steneck, Ruth Ellen Bulger, The History, Purpose and Future of Instruction in the Responsible Conduct of Research[J]. Academic Medicine. 2007(9).

国科学家默顿所说的"非遵从行为"的违规表现。学术规范的宣传和培训是学术伦理精神养成的第一步,默顿也指出科学精神的特质起步于对规范、规则的内化和合法化,起步于道德共识和道德良知,"科学的精神特质是指约束科学家的有情感色彩的价值观和规范的综合体。这些规范以规定、禁止、偏好和许可的方式表达。它们借助于制度性价值而合法化。这些通过戒律和警戒传达、通过赞许而加强的必不可少的规范,在不同程度上被科学家内化了,因而形成了他的科学良知,或者用近来人们喜欢的术语说,形成了他的超我。尽管科学的精神特质并没有被明文规定,但可以从科学家的道德共识中找到,这些共识体现在科学家的习惯、无数讨论科学精神的著述及其对违反精神特质表示的义愤之中"①。定期的学术伦理宣传会起到一定的价值导向和规约作用,对学术舆论会起到荡浊扬清的作用,学术价值观的宣传促使学术研究者在学术活动中总会意识到有一种无形的约束促使他们选择正确的方向。学术伦理的宣传和教育有如下几种基本的方式方法。

案例宣传法,把学术伦理价值观融入一些典型的、时新的案例中进行宣传和分析、判断,然后进行疏通、总结和提炼。比如我国目前"张曙光造假门"和"王正敏造假门"暴露出的学术伦理价值观问题是很具有典型性的,折射出院士评选制度中的学术伦理价值观的扭曲和紊乱问题,也反射出院士评选机制中内在的矛盾冲突,这样可以帮助学术研究者厘清学术伦理的一些准则,并准确掌握学术伦理的价值倾向和相关制度的内在含义。对于这样的案例一定要与时俱进,不停地搜集其进展情况进行信息更新。

媒介传播法,充分运用时代网络带来的快捷和便利进行学术伦理价值观的宣传,运用网络、电视、报纸以及 QQ、微博等多样的传播手段,这样既可以多方面宣传学术伦理价值观,同时又可以随时了解学术研究者的精神、价值等相关方面的动态。除了上述媒介之外,也可以通过会议、报纸、书籍、论文、宣传册子等方式进行宣传。

问题分析讨论法,尽可能深入地了解学术伦理与非学术伦理的边界,以一些具有典型性的伦理问题为索引,充分探讨,明晰学术伦理问题、澄清学术伦理价值观,有效地、清晰地界定学术伦理问题,寻求充分的、有力度的方式处理伦理问题,从而形成良好的氛围并建构学术伦理的气氛。同时,加强学术伦理宣传的组织建设,学术论理的教育和宣传不是临时的、偶然性的行为,要有明确的学术伦理教育、宣传的机构组织,对于出现学术伦理问题有明确的路径和处理的独立机构组织。总之学术伦理的宣传要全方位地、有深度地、保质保量地进行,而不应流于形式,学术伦理价值观"自然地"

---

① [美]R.K.默顿.科学社会学:上册[M].鲁旭东,林聚任译.北京:商务印书馆,2003.

成为指导学术活动的内在价值判断和指导，调节学术行为成为一种习惯时，学术伦理宣传的有效性才得以显现。

学术伦理的培训与任何其他培训一样，要想取得较好的成效，每次培训前首先要明确本次培训所要企达的目标：要阐释学术论理规则、规范，还是澄清学术伦理价值观并提升学术研究者的学术伦理意识和水平？在规范、规则不太照顾到的地方还可以通过讨论揭示学术伦理的一些待争论的热点，比如就目前的"王正敏造假门"中所谓的学术界的"原罪"问题，即他出书的时代一些规范没有要求，那么现在该如何界定？是否能改变其抄袭的性质？

目标明确之后，培训计划的制订也是很重要的，根据不同的对象培训的内容该是有一定的差异性的，对于刚从事学术活动的研究者与职称较高的研究人员来说，两者对学术伦理规则、规范的领悟、了解还是有着一定的区分的。培训过后要适时进行总结，要有信息记录或者成绩记录的数据库，将培训内容、信息分析、后果反馈归结成一个信息中心。这样才可更好地取得培训的效果，提升学术伦理水平。

二、制度维度的建构：学术伦理制度化

学术伦理规制是基于学术伦理价值观的错乱、学术伦理软弱无力的现状而实施的旨在提高学术伦理水平、矫正学术伦理价值观的一种学术治理的手段。学术伦理规制的手段之一就是学术伦理制度化，将学术伦理关系和伦理活动规范制度化，即以制度方式呈现的伦理要求或明白公示的价值规范，借助制度的强制性力量将仅靠习俗、舆论、内心信念来约束的学术伦理规范、要求通过制度化的途径予以保证和实现。

（一）学术伦理的制度化

将伦理要求通过制度化的强制手段转换成对社会主体的必须遵守的、明确的硬性约束，把抽象的学术伦理价值观具体化为一系列可操作的规范、细则。依靠强制性的外在力量推行学术道德，整饬学术伦理秩序，改善学术伦理的软弱无力之状态，发挥其对学术活动的约束能力。学术伦理制度化对学术研究活动意义重大，且学术伦理也有着制度化的可能性。

伦理本身强制性的倾向与制度具有内在的一致性，伦理和制度两者具有一些相同的属性和特点，比如伦理与制度都属于社会规范体系，伦理与制度均具有强制性（虽然强制性力量的来源不同，表现方式也存有差异），两者在某种程度上的同一性和兼容性使道德制度化成为可能。

从调节社会关系的角度来看，在以氏族、部落为单位的社会发展的初始阶段，伦

理道德是调节社会关系的规范手段。然而随着社会的发展,伦理道德规范作为调节社会关系的手段其有效性日渐不足,那些作为维护社会秩序最基本的一些伦理道德规范则不断地制度化或法律化。我国儒家的"伦理纲常"其要求遵守的伦理规范绝不仅仅是出于主体的自愿。在我国的一些历史阶段,用以维护伦理秩序的伦理规范明确地有着制度、法律的外在支撑,如魏晋南、隋唐的法典中附有"十罪"(魏晋)、"十恶"(隋唐)对"敬""孝""睦""义"等有着明确的要求和规定。对"不敬""不孝""不睦""不义"者的惩戒不只是道义上的谴责,往往会对其进行法律的制裁,尤其是对那些大"不敬者"还会处之以极刑,法律制度往往是伦理规范效力的背后的保障力量。

伦理、制度规范的目标总是为了维持整饬社会关系,把人的行为控制在一定的许可范围之内,从而维持社会的有序运行,两者在功能上、实施中相互补充、相互支撑。社会关系多样,不是所有的关系问题均可以用法律去解决,也不是所有的关系之道均可以通过伦理道德规范予以制约和维护。一般而言,一定历史阶段的法律制度的建立总是合道德性的,制定者通过道德为法律制度的本身和实施进行论证并加以辩护,反过来又会借助法律制度推行与之相适应的伦理观念和道德规范。就如亚里士多德说:"法律的实际意义应该是促成城邦人民能进行正义和善德的永久制度。"在柏拉图的哲学理念里法律也是维护正义的手段。目前我们很多领域均在用制度化的方法解决一些道德领域中的问题,比如说诚信制度化,把诚信纳入制度化的轨道,跳出了"诚信"仅仅作为一种道德自律的方式。伦理制度化有着理论上的依据和实践中的经验,法国刑法明确规定,对于处于危险中的需要帮助的他人,能够采取行为进行施救却故意放弃援助的行为会被处于 5 年监禁及一定巨额的罚款;美国国会是立法机构,其下属机构道德立法委员会设有道德法规规范人们的行为,明确规定"不救助危难""不报告危难"为违规行为。伦理道德与法律制度相互渗透、相互支撑完成调节社会关系的作用和功能,具有内在的延续性和一致性。"道德制度化实质上是道德内容与制度形式、道德目的与制度手段的有机结合,同样的内容可以以不同的形式表现出来,同样的目的可以用不同的手段来达到。"①伦理与制度这种内在的统一性使伦理制度化成为可能。

学术伦理与伦理只是特殊与一般的关系,学术伦理具有伦理的特性,学术伦理调节的是学术领域中的关系,提升学术伦理水平,学术伦理制度化是将学术领域的伦理规范、要求制度化,即制度化的伦理,给学术伦理以外在的制度保障,使学术伦理的自律与他律的结合更加有效,约束效力更好地发挥。

---

① 石建峰.道德制度化探析[J].理论导刊,2002(2).

　　学术伦理制度化敦促学术伦理关系"应然"属性向"实然"状态方向转变,本研究在第三章分析时指出伦理关系是一种"应然"的社会关系,伦理的"善"就是这种"应然"性的实现,学术伦理价值观的混乱、学术伦理意识的薄弱、学术关系中的权责不分等都会导致"应然性"的破坏。所以可以说学术伦理价值观的建立及其实现、强化学术伦理关系的权责的伦理原则是使学术伦理从"实然"到"应然"状态转变的关键之所在,而学术伦理制度化则是完成转换的一座桥梁和有力的媒介。学术伦理关系如前所述是一种特殊的伦理关系,是一种以学术成果为中介的交互主体性的伦理关系,此种关系突破了伦理关系中相对应的主体关系。这种对应主体关系的模糊性、笼统性使道德要求、原则也具有某种程度的不确定性,注定了主体间的权利和义务边际的模糊性和复杂性。而个体的伦理水平和道德意识都是有限的,尤其在当今多种价值观冲突、思想多元化的情况下,各种价值观均有着自我的支撑的基础,"善""恶"发挥的空间很大。"各种新旧伦理观念相互冲突,善恶是非界限非常模糊,这就需要社会以制度的形式,建立一系列明确的道德规范,告诉人们什么是应当做的和什么是不应当做的,协助个体确立正确的道德观。"①同时,伦理规范作为一种社会规范体系,具有非正式的、非系化的、感性的特性,其活动过程主要是在传统习俗、舆论、习惯等氛围中形成的对事物的态度、主观价值判断以及形成的品性修养等,依靠主观、感性的力量推动而完成。个体的伦理水平和道德认识局限于个人德性层面,具有个别性的特点,个体的主观性往往会抑制道德理性,影响正确、合理行为的道德选择。学术功利化倾向下容易出现个体利益与群体利益、社会利益的冲突,增加道德选择的难度,个体道德理性往往会力不从心。单纯地信赖道德理性,放任个体道德的自由选择,没有外力的及时干预和疏导,必然会导致伦理失范和不端行为的发生,甚至是社会秩序的混乱。个体道德理性和道德意志的有限性,从群体、社会大众的层面而言无法通过道德自我约束而至伦理关系中"应当"状态的实现。相反,现实生活中面对复杂的利益诱惑和冲突,个体的道德意志难以为靠,不道德的手段更是通往成功的"捷径"。而制度则是正式的、系统化的、理性的规范系统,其主要依靠的是对事物特性的理解和规律的了解和认识,对各种关系进行协调,区分并规定相关主体的义务、权利与责任,并通过强制力量执行和落实,伦理制度化跃出了伦理道德个体德行的范畴上升为社会普遍性的要求。所以,权利的保障、义务的履行、伦理关系"应然"的实现无法仅靠个体内心的自觉和习俗、舆论的软性约束。学术伦理权责关系复杂,主体利益关系更是微妙和特殊,缺少外在的制度化的强制性力量则难以保证学术主体间合理的权责关

---

　　①　陈筠泉.制度伦理与公民道德建设[J].道德与文明,1998(6).

系的形成和维护,容易阻碍学术"善"的实现。制度的约束力量更具有普遍性和有效性,对于学术研究领域而言尤其重要。伦理制度化将会使伦理规范、规则以制度的方式出现,明确学术伦理关系各方各自的权利和该负的责任,对侵权和漠视主体义务的行为将以追究责任的方式实现。主体间明确的权利、义务关系的确立是有序的伦理关系形成的前提,也是现代社会秩序的必要的基本前提。

学术伦理的制度化可以改善学术主体伦理意识水平低的现状,强化学术伦理价值观,增强学术主体的伦理自我约束能力和培养个体的道德意志。学术伦理制度化为规范学术主体的行为、恢复和维持学术伦理秩序以及伦理规范的落实提供了强力的支持,为实现学术伦理关系的"应当"性提供了现实的保障,学术伦理制度化对学术研究的意义重大。

(二)学术伦理制度化的具体表征

学术伦理制度化所要求的不仅仅是一些学术伦理规则、规范的制度化,这么理解会窄化了学术伦理的丰富内涵,学术伦理是学术关系之"纲"或伦理规范、规则背后之"道",即学术伦理价值观。如《汉书·董仲舒传》所说:"天不变,道亦不变。"学术伦理之"道"是维持学术伦理关系的背后理据,而学术伦理规则只是学术伦理关系之"道"的现实要求和外在的现实保证。学术伦理制度化则是学术伦理规制的基本价值理念的现实化进而制度化。关于学术伦理规制的基本价值理念,本研究在第四章"学术伦理规制的基本价值理念"中梳理为学术求真、学术诚信、学术责任、学术创新几个维度,本研究认为"学术求真"和"学术创新"实现在"学术诚信"与"学术责任"之中,下面为避免重复,本研究拟详细分析学术诚信制度化和学术责任制度化的路径、方式。

1.学术诚信制度化

"诚信"在中国传统道德中具有极其重要的地位,作为一条重要的道德规范被儒家文化视为"立人之道"和"进德修业之本"。诚信意为诚实守信、表里如一,实事求是,《礼记·大学》中说:"所谓诚其意者,毋自欺也,如恶恶臭,如好好色,此之谓自谦,故君子必慎其独也。"诚信与科学的求实与求真精神是一脉相承的,是学术研究揭示客观事物本来面目要求的体现,学术诚信是学术"善"之实现的内在动力。美国的科学发展一直走在世界的前列,其中原因很多,但学术诚信制度无疑为其中重要的一个因素。美国的学术研究诚信状况都记录在册,如果被打入诚信"黑名单"不仅对学术生涯将是致命一击,更是在交易、求职、保险、项目合作、基金申请、贷款等方面会四处碰壁,后果严重。据 2002 年 2 月 14 日《纽约时报》报道,美国堪萨斯城郊的一所的高中,118 名二年级学生被要求完成一项生物课作业,其中 28 名学生从互联网上抄袭了一些现成材料,此事被任课教师发觉后,28 名学生的生物成绩均为零,并面临留级危险。在一些当事人家长的抱怨和反对下,校方要求女教师提高那些学生的得分,这位 27 岁的女教师愤而辞职。面对社会舆论压力,学校董事会不得不举行公开会议,听取各方面意见,结果绝大多数与会者支持女教师。该校近半数教师表示,如果校方满足少数家长修改成绩的要求,他们也将辞职。他们认为,教育学生成为一名诚实的公民远比通过一门生物课重要。一些公司已经传真给学校索要当事学生的名单,以确保公司今后永远不会录用这些不诚实的学生。堪萨斯城郊的一位女士对电视台记者忧心忡忡地表示,她非常担心今后本社区的人出去会被贴上不诚实的标签。①诚信不仅要作为一种理念指导人的行为,诚信制度化更应使诚信理念成为人的行为指南。

按照新制度经济学对"经济人"的假设来看,人天生就有投机取巧的倾向,从人性论的角度上来说这种人性的弱点符合人性恶的观念。诚实守信作为一类道德品性,单依靠舆论、习俗等道德一般具有的约束力作为通向现实的路径,其现实的可能性较低。尤其是在功利思想、多元价值观并存的状态之下其表现的更多是一种理想,从某种程度而言,诚信不仅仅属于道德问题,更是一个制度化管理的问题。诚信以制度的方式出现是一种必要,对诚信进行制度性安排也是一种必须,制度是保障诚信实现的重要力量。学术诚信制度化是学术伦理规制的主要目标之一,学术诚信制度化的路径和呈现方式本研究认为可以从如下方面进行剖析。

首先,学术诚信教育制度化。培养学术研究者的诚信理念。诚信一直是我国传统道德的精华,我国"君子"必备的修养,如孔子云:"君子义以为质,礼以行之,孙以出之,信以成之。君子哉!"指出诚信在实践、在成就事业中的重要性,后朱熹进一步说:"义者制事之本,故以为质干;而行之必有节文。出之必以退逊,成之比在诚实;乃君子之道也。"诚实是君子之道,是行事之依据。学术诚信的教育是内涵于"君子"之中的诚信品性实现的基础,学术诚信制度化其必然也要求学术诚信教育制度化,学术诚信教育制度化即要求把诚信教育纳入制度化和规范化的领域和轨道之中。相关的学术管理部门对学术研究者的诚信教育实施的制度化,明确规定对学术研究者定时、专门进行以学术诚信为内容的教育活动。然后要进行相应的、真实的信息反馈和检查,使学术诚信教育落到实处。

其次,建立学术"契约诚信"制。"高等教育机构内部的道德行为,旧时的规范的控制作用削弱……需要新的规则和机制,用更加明确的契约和更加公正的学术法律制度取代行会的规范和实践。"②没有相关的制度规范,个体单独地践行诚信具有一定

---

① 注:资料来源人民网"诚信在美国(广角镜)"http://paper.people.com.cn/scb/html/2006-04/07/content_1412530.htm
② [美]克拉克·克尔. 高等教育不能回避历史—— 21 世纪的问题[M]. 王承绪译. 杭州:浙江教育出版社,2001.

的风险。在商品社会,人们在利益交换中发现订立契约最符合成员之间的长期利益,诚信观念则隶属于契约思想,是契约思想中极为重要的理念之一。只有使学术诚信意识具有法律、制度的震慑力,上升到学术研究者需要共同遵守和践履的制度或准则,具有稳固的、长期的约束力和强制性,成为学术研究者的一种内在的自觉和行为习惯,这样才会提高学术伦理水平,减少学术不端行为。契约诚信制度也是一种宣誓制度,美国的一些高校比如杜克大学在学生正式注册前均要求学生签署相关协议:"我不撒谎、不欺骗、不窃取别人成果,在学业上尽力而为;我及时反映每一个学业不诚实的行为;我会以留名或匿名的书面或口头形式直接和我认为不诚实的人沟通、交流;当我发现任何一门课程中有学术不诚信行为时,我将立刻书面汇报相应的教师;有关我写的检举报告,负责地指出那些我认为已违反了荣誉准则的人……"[1]诚实信用不仅是一项道德的使命,也是知识社会基本的要求和准则,诚实守信也并不仅仅意味着不撒谎,也意味着遵守规则、遵纪守法,恪守诺言不损害他人的利益,明晰学术伦理关系中各自该负的责任和享受的权利。

"契约诚信"制度还包括要完善一些委托代理制度,出版社、期刊等专业性学术推广、鉴定单位需与作者签订契约合同,明确各自的权责范围,规范图书出版单位论文发表的规范、格式,减少学术失约、失信等不端行为。"契约诚信"也应要求学术规范制度建设,目前不同的学术研究机构部门学术研究规范很多,但现实境况下规范往往呈软弱无力趋势,笔者认为其根本原因是学术越轨的惩处力度不够,没有明确、严格的处罚机制,严重缺乏学术责任心,使学术不端者敢于冒风险。因此,应实行学术责任赔偿制度、"零容忍"制度或者"一票否决制",并加强学术伦理失范行为的惩处制度建设等。

最后,建立学术诚信记录制度。学术诚信记录制度主要包括学术荣誉制度和诚信记录制度,建立学术档案制度。学术诚信记录必须客观公正地记载学术研究者学术生涯的真实的研究经历,并作为创建学术档案的基础,这些学术诚信记录是学术权利获得的基本前提。美国国家卫生研究院与酒精药物滥用和精神卫生管理局修订了其培训基金的资助政策,要求从 1990 年开始,在国家研究辅助基金申请中,必须包含正式或非正式的科研诚信培训项目,政策同时将教学对象集中于研究生及博士后阶段研究人员,建议针对他们开展数据的记录和保存、利益冲突负责任的署名等内容的培训工作。[2] 学术荣誉制度既要激发学术研究者内心追求学术的崇高感、责任心和发

---

① 注:资料来源 http://www."IL! ek.edu/web/honorCouneil.

② National Institutes of Health, Alcohol, Drug Abuse, and Mental Health Administration. Requirement for programs on the responsible conduct of research in national research service award institutional training programs, http://grants. nih. gov/grants/guide/hist orical/1989_12_22_Vol_18_No_45.pdfs 1989-12-22.

挥学术精神气质,也要成为促使学术研究者遵守学术规则、维护学术研究本真的强有力的动力。德国著名的、古老的柯尼斯堡学院在博士生获得博士学位时会宣誓,该誓词是:"学院决定授予你科学博士学位,这是一种荣誉。这荣誉带来了永远忠诚于真理的义务,无论是在经济的还是在政治的胁迫下,都不屈从于压制或歪曲真理的诱惑。要你保证,维护学院现在授予你的荣誉,并且不受其他考虑的影响,只是寻求并忠诚于真理。"这种通往真理的学术精神是学生最本真的一种气质。诚信记录制度则会真实地反馈学术研究者的研究经历,可以通过学术管理部门建立一个信息档案部,对所有从事学术研究的人员和机构建档立卡,翔实记录其诚信状况,学术管理部门可以根据诚信状况通过科研资金的拨付作为调节杠杆管理学术研究者或者相关部门。甚至可以根据科研信誉制度将信誉极度底的单位或个人"拒之门外",终止其研究活动。这样,完善的档案制度将会推动学术诚信制度化。

总之,学术诚信可以划定为个人的品性、归于学术道德建设范畴,但学术诚信制度化作为一种制度及实施机制需要全社会广泛参与,沿着一定的明确的程序推进,如图 5-1。

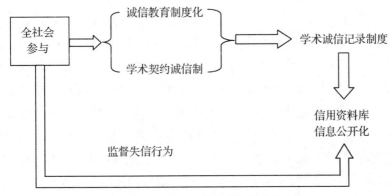

图 5-1 学术诚信制度化程序

2.学术责任制度化

康德认为只有出自于责任的行为才具有道德价值,学术责任是学术伦理中的核心问题,支配学术活动的内在价值指向,坚守学术责任是维护学术生命之所在。厘清学术责任的关键需要找到学术责任的主体,学术责任主体厘定清楚,才可解决谁需负责、怎么负责、为谁负责等关键性的问题。对于学术研究活动而言,学术主体就是学术责任主体,学术主体是学术责任实现的着力点和责任载体,对于学术主体前面几章有着界定和分析,本节不再赘述。那么学术责任的客体呢?学术主体该对谁负责?一般而言,学术活动可从宏观、中观和微观三个层面来看,宏观而言,学术活动是一种追真探善、发明创造,社会应该为学术活动的研发提供合理的外部环境和必要的物质保障并进行合理的管理,即负有管理的责任。同时,学术研究活动是探索未知世界、增进人类知识、促进人类自身发展和社会完善的活动,其行为须为社会大众负责。作为中观层面的学术共同体对学术活动的发展意义重大,对学术活动的良性运转和充满生机与否负有极为重要的责任。作为微观层面的学术研究者他既从事学术研究发现和发明真理,创造学术成果,同时又是他人学术研究成果的享用者和受益者。因而,从此角度如前章所述,学术研究者以学术研究成果为中介产生的是一种特殊的交互主体式的伦理关系,消泯了伦理权利和责任鲜明的"相对"状态,其既是学术责任的主体也是学术责任的客体,具有特殊性。本研究拟从微观层面主要分析学术研究者的学术责任。学术研究者的学术责任主要包括对学术研究活动这一事业的责任、学术研究者对社会的责任、作为学术研究者其道义上的责任和法律上的责任等。

对于学术事业而言,学者的神圣使命是完成学术追求真理、发明真相的任务,学术责任就是学术"追求真理"的本质实现的内在约束力量和价值追求。学术责任作为学术生命线,基本的伦理维度体现着学术真与善的伦理本质和价值指向,"真"是对事物的本质及其客观必然性的正确认知,"善"是对必然性的认可并践行。"伦理学中,'真',是指人们对现实社会关系及其客观必然性的正确认识;'善',是指人们基于对已被认识的必然性的承认,而形成的有益于社会整体或他人的意识和行为。"①所以对于学术事业来说,学术研究者首要的责任即是在继承优秀文化精华的基础上,勇于创新,追求真理,完成一个作为真正学者的"使命":"所有的人都有真理感,当然,仅仅有真理感还不够,它还必须予以阐明、检验和澄清,而这正是学者的任务……因此,就我们迄今所阐明的学者概念来说,就学者的使命来说,学者就是人类的教师。"②学术责任就是学术真与善的价值交集点,学术责任之"真"在目标上体现为学术是一项以追求真理、发现真相为宗旨的活动;在内容上,学术成果是为检验能正确反映事物的必然、本质、规律的知识或发明;手段上要求研究过程务实求真、不弄虚作假。

学术研究者于社会的责任表现在学术研究活动将以推动人类社会的进步,改善人类的生活、生存状况为任务,要求胸怀强烈的社会责任感。我国传统的道德精神里学者的视野总是立足于整个宇宙、人类、社会,不逾住一隅极富开放的胸襟。"古之欲明明德于天下者,先治其国;欲治其国者,先齐其家;欲齐其家者,先修其身;欲修其身者,先正其心;欲正其心者,先诚其意;欲诚其意者,先致其知。致知在格物。物格而后知至,知至而后意诚,意诚而后心正,心正而后身修,身修而后家齐,家齐而后国治,

① 吕耀怀.科技伦理:真与善的价值融合[J].道德与文明,2001(1).
② [德]费希特.论学者的使命,人的使命[M].梁志学,沈真译.北京:商务印书馆,2013.

国治而后天下平。"①学习从来都不是个人的事情,还有学者志向宏大以"为天地立心,为生民立命,为往圣继绝学,为万世开太平"②的豪情壮志融入学术生涯中。探究自然之规律,为宇宙天地树立起生生之心,为民众开立选择正确的命运方向,继承圣人绝学……北宋张载的"横渠四句"激励着一代又一代学者的雄心壮志与社会责任心。将探寻天地之"道"、社会发展规律与社会教化融为一体而走向万事太平的美好境地。

学术研究者自身道义上的责任要求体现为一种学术道德,作为从事学术研究的学术主体,首先要有一种精神气质,即学术精神的力量指导整个学术生涯的活动,遵守学术规则,坚守学术伦理。如默顿从"科学的规范机构"提出"科学的精神气质":无私利心、普遍主义、公有主义和有条件的怀疑主义。其中"无私利心"则指要求科学研究者全身心奉献科学,为科学研究而研究非为了自身的利益,这对于抗拒学术功利的价值观有着重要的意义,这组道德规则较好地体现了学术研究中的道德要求。学术研究者法律上的学术责任要求为学术主体的法律责任意识,以相关的法律制度指导自身的学术行为,整饬学术伦理秩序。

总之,对于学术研究者来说,学术责任可以概括为遵守学术规律基础上的学术自律的责任。学术责任作为学术伦理的基本内容,其基本的属性是协调学术领域各类关系和要求,具有学术伦理的强制力。学术责任也是学术主体的内在品质,在本质上也是自律的。学术责任具有"自律"和"他律"的特性,可以促使学术主体基于现实基础上认同学术道德规范,养成道德情感,产生道德理性和判断并诉诸道德实践。学术伦理的失范于学术责任而言主要体现为学术责任懈怠甚至是丧失,对学术"求真"的背离,对学术"善"的离弃,从而在学术研究行为上的一种肆意妄为。

学术责任是学术伦理的主要价值理念之一,矫正学术伦理的主要内容之一是学术责任制度化,学术责任制度化是把学术责任包含的内容、相应的要求以制度化的方式体现。学术责任制度化主要从两个方面着手分析:学术责任规范制度建设和学术责任追究的制度保障建设(问责制和终身追究制)。

首先看看学术规范制度化。从制度的基本要素出发,制度本身的基本因素包括基本概念、规则,制度的组织实施及保证制度运行的外部手段。基本规则、规范的建设是完整的制度不可或缺的一部分。学术规范建设是学术标准化的前提,也体现了学者自律精神与他律原则。学术规范建设有助于学术活动制度化,也有利于理顺学术研究者之间及与学术共同体之间的关系,于此,学术责任制度化首先需要进行基本的规范建设。于学术责任而言主要涉及三个方面的责任规范厘定。

---

① 选自《礼记·大学》.
② 选自北宋张载《横渠语录》.

一是于学术研究者而言的责任要求和规范建设,对于学术研究来说,在学术研究中首要的规范是需要承担起学术求真的责任,不可弄虚作假,伪造数据,抄袭;作为学术研究者应以奉献学术的精神,担当维护学术秩序、整饬学术关系的责任;同时也要遵守学术道德规范,不可利用学术权力获取不正当的收益,出现"权学交易"的学术不端行为,总之要务实、公正、求是、客观地发扬学术研究精神。同时,学术活动中也要求学术研究者承担研究成果呈现的规范性责任,总的说来,对于学术研究者而言的规范建设主要体现在学术研究规范建设、学术道德规范建设、学术引用规范建设、学术注释规范建设和学术评价规范建设等方面。

二是作为学术共同体的责任规范。学术共同体从科学共同体演绎而来,美国库恩认为科学共同体是"由一些学有专长的实际工作者所组成的。他们由所受教育和训练中的共同因素结合在一起,他们自认为也被人认为专门探索一些共同的目标,也包括培养自己的接班人"①。在库恩看来,学术共同体是学术研究的逻辑起点,与科学范式在逻辑上是等价的。因学术使不同专业、不同阶层的人走到一起,以研究学术为职业和旨趣,强调共同信念、价值观。知识生产、学术研究要求有一定的与价值观念和行为规范相适应的学术规范,这些学术规范一经形成便具有相对的独立性,形成一定的运行机制,要求学术共同体成员熟悉和掌握并明确其相应的责任和行为边界,学术共同体成员需要遵守共同的规范,循规而行。学术共同体是推动学术发展、学术创新的主体,也是学术活动的承担者、规范的制定者、执行者。学术共同体需遵守学术研究的规范,形成正确的学术研究氛围和环境,营造可以更好使学术规则、规范的内化环境实现学术共同体"他律"的影响力,推动学术的创新与发展。学术共同体的规范建设既包括对共同体成员行为规范的建设,也包括自身规范的建设。

三是学术管理者的责任规范,学术管理者的责任规范可以分为两个方面,首先要尊重学术自由,不可干扰正常的学术研究活动或占有学术资源,要为学术研究活动提供一个自由的可以发挥创造力的环境。同时,对管理者而言,学术责任制度建设需要建立一个公正科学的评价体系以及科研成果管理体系,科学、公正地评价科研成果对学术研究活动意义重大。对于学术评价一定要做到公正、透明并力图使学术评价程序化和学术批评机制理性化、客观化,同时,要注重以质量为导向的科研竞争规范建设,引导学术健康发展。

其次是学术责任追究制度化。学术责任追究制度化主要表现为学术问责制度及在责任追究上实行终身制。学术责任是学术研究者心底捍卫学术规范、坚守学术操

---

① [美]托马斯·库恩.科学革命的结构[M].金吾伦,胡新和译.北京:北京大学出版社,2003.

守的最后一根弦。"问责"顾名思义是对责任的活动或制度,学术问责是基于学术责任履行情况的考量而产生的,学术责任感不强是造成学术伦理失范、学术不端现象的主要原因,也因此促成学术问责制度的产生。问责制作为现代民主社会的一项基本的特征,在行政上早已实行问责制,从制度上强化责任意识和追究失责现象弥补法律性强制与道德约束之间的较难眷顾的灰色地带,是学术伦理规制"他律"性力量的发挥和显现的主要目标,也填补了法律责任和不负责任间的盲区。学术问责是追究学术活动主体滥用学术自由、违背学术伦理规范的行为从经济、道德甚至是法律上进行责任追究。学术责任追究可以把约束与追究、自律与他律有效结合起来,实现学术主体权责的和谐统一,是净化学术环境、促使学术环境规范而有序的基本条件。

　　学术问责制度化的基本条件需要建立一套完备的问责程序和手段,制度化的问责机制显然需有着明确可行的操作程序、问责主体、对象、手段、内容等基本要素,而问责内容是与学术责任行为的内容紧密联系的,是对应的。厘清学术领域的基本要素和内在机制是学术问责制度化的前提和保障。如研究者所说"学术问责制作为学术自由和学术责任的制度保障,必须有一套完整的运行结构体系,这就是建构起问责主体和客体明确,问责内容和标准清晰,问责的事由和程序规范,问责的方式和结果齐备的学术问责的结构体系"。[①] 学术问责制度一般应该包括:问责主体、问责客体、问责内容、问责手段、问责程序等基本架构要素,明确问责的基本架构要素是进行问责的前提,也是学术责任制度化的前提。

　　对于学术问责中的问责内容,即"问什么",前面已有详细分析,比如对从事研究活动的学者来说,是否遵守学术规范,是否干涉了其他学术自由活动,是否有学术不端时腐败行径等;对于学术管理者来说,是否干涉了学术自由活动,是否在分配科研经费等弄虚作假,出现"权学交易"等腐败行为;对于学术共同体而言,"问什么"的内容已经很清楚。而学术责任内容联系着责任的主体和客体两方,从此角度出发,学术责任内容则是研究学术制度化的逻辑起点和问责实践的出发点,学术问责的主体即学术责任"谁来问",学术问责的客体即出现的学术责任"该问谁"。本研究认为学术研究活动中的相关主体均负有相应的责任,学术研究活动中的相关学术主体即与学术研究相关的人、组织、机构等,他们在学术中均负有不同性质、等次、层级的责任,在学术问责中属于问责的"对象"即"客体",即谁需要承担责任、有义务承担责任。这种责任和义务更多的是角色本身赋予的,作为一个学术活动的主体角色本身该负的道义和法律上的责任,具体而言,学术责任客体应包括"学术研究和传播者,主要指各级

　　① 司林波.教育问责制国际比较研究[M].大连:辽宁大学出版社,2010.

各类教育工作者、专业研究人员;学术机构,即各级各类教育机构和科研单位;学术管理部门,即各级各类教育行政管理部门;学术组织,即各行业领域的专业性学会等"①。

学术问责的主体即学术责任"谁来问",而用何种手段来"问责",问责程序如何?明确的问责主体、确定的问责手段和有序可循的问责程序是学术问责制度化需要面对和解决的问题。行政问责制关于问责的主体分为两类:一是"同体问责",二是"异体问责",学术问责主体也可以划分成两类,通过"同体""异体"的方式来进行。"同体"即指学术共同体内部成员彼此之间的问责和所属的单位部门对学术行为主体的问责;"异体"问责则跃出学术共同体范畴,主要指学术行政管理部门、一些专职的监督机构、新闻媒体、社会舆论等对学术失责行为的问责。就"同体问责"来说,学术共同体内部应该高度重视学术不端行为,加强对学术不端行为的惩处力度。从学术的发展和自身利益出发,应在学术共同体内部设立相应的、有针对性的学术问责机制,设立专门的机构,配备相应的人员,使学术不端行为的收审、调查、惩处等都有序可循。学术共同体内部的彼此间"问责"对于学术这一特殊的领域来说具有特定的意义,学术领域具有专业性很强的特征,其是非对错的判断需要有专业性的知识和技能,学术共同体自身的自重、自查和"自责"作用极大,也为"异体"问责提供技术支撑。同时,"同体问责"也有着一定的风险,在一些学术违规现象出现时,一些学术组织从自身的名誉或利益出发,往往会袒护、掩盖其成员的不端行为,可能会导致集体不端行为的出现,这也是"异体问责"存在的可能和必要,而加强"异体问责"也是学术问责制度建设必要的、关键的一环。对于"异体问责"应该建立一个专职的学术监督机构,作为学术问责的主体,对学术行为进行监督、调查、问责,同时加强新闻媒体、社会舆论、学术期刊等机构的监督力度,督促学术主体提升职业、道德、法律责任等。

问责程序和问责手段也是学术问责制度化中的重要一环。对于问责的程序建设,首先应该设立问责起动程序、责任的回应和调查程序、责任的决定程序、责任的救济程序。学术问责程序过程应该由"立案、调查、决定、执行、申诉、复议等一系列相互联系的环节构成"……"认真履行告知和说明理由义务,并听取问责对象的陈述和辩护意见……实行回避制度,健全包括申诉、复议、诉讼在内的各种权利救济制度"②。对于学术问责的手段或方式,对于不同的问责形式,表现上存有差异,比如对于学术共同体内的学术研究者之间的问责,则不是强制性的,主要是来自学术同行的谴责或资格排斥等;对于异体问责则往往是外在强制力介入,甚至是经济、司法的干预,具有较强的干预力,但同时处理不当会对学术自由产生某种程度的伤害。

① 司林波.学术自由、学术责任与学术问责制[J].教育评论,2012,(3).
② 陈党.问责法律制度研究[M].北京:知识产权出版社,2008.

总之,诚信、责任等问题不只是伦理道德问题,在商品经济和契约化时代的诚信、责任也是一个制度化管理的问题,在多元价值、学术功利等复杂状态之下,传统、单一的道德资源已不足以调节人们的全部行为。伦理的约束、道德的说教往往有时力不从心,导致社会中一些无法容忍的"小恶"现象屡次发生。只有把一些伦理道德规范、要求制度化,使损害他人而获利的行为不仅受到道德的谴责同时受到法律的制裁,这样才可以阻止那些在利益驱使下的诚信缺失、责任缺位的行为普遍化、习常化。

三、组织维度的建构:组织机构建设

学术伦理规制的实质是一种过程式的防范和激励,学术伦理规制不仅仅是制定一套学术伦理制度,而是在基于制度依据的基础上,用某种纽带把涉及学术伦理规制方方面面的事情联系在一起,即由某种机构拿出一套具体的、科学的、有关学术伦理价值观的操作规程并付诸实施,即学术伦理的组织化。只有这样学术伦理才能内化到学术研究者的理念中,成为推动学术发展的精神动力,学术伦理规制的作用才能实现。从此意义而言,学术伦理的组织是学术伦理制度化的进一步落实,是其具体化和实践化。学术伦理规制的组织建设主要包括建立学术伦理的组织机构及其运行的内在机制。

(一)设立学术伦理委员会

学术伦理规制的组织化需要首先建立一个全国性的学术伦理委员会作为规制学术伦理的组织,类似于学术伦理委员会的学术伦理监督组织在美国、加拿大等国均存在,并在促进学术研究活动遵守学术伦理层面发挥着极为重要的作用。

1.学术伦理委员会的性质和功能

在我国,"伦理委员会"这个词的使用最先出现在医学研究等领域,比如"生命伦理委员会""医学伦理委员会"等。医学研究的手段及其成果的运用等关涉人权与人的尊严,与人的生命秩序和伦理秩序直接相关。堕胎、克隆、转基因研究等使人类面临着极大的伦理困境,不仅克隆技术的使用要谨慎,克隆人简直就是不可逾越的伦理禁区。在学术领域没有一个针对学术伦理的专门"学术伦理委员会"组织机构,但涉及学术伦理的组织或者类似的机构有一些,不过名称均有不同,其职能也不完全相同,比如"学风建设委员会""学术道德委员会"或者"学风建设办公室""学术规范委员会"等等。从这种组织名称的五花八门可以看出对学术伦理组织性质、职能认识的模糊性以及在实践运用中的混沌状态,同时也反映出学术伦理问题没有得到足够的重视。一些研究部门或一些学术组织把"学术伦理问题"当作"学术不端问题"或者"学术违规问题",所以,上述"学风建设委员会""学术道德委员会"之类的组织机构仅是作为对学术违规、不端行为的处理部门而隶属在"学术委员会"或者"科研处"下。如复旦大学学术规范委员会成立于 2005 年,是复旦大学学术委员会下属的专门委员会,其主要职责是调查、处理学术规范问题。还有些在学术委员会下设立专门的学术道德委员会,接受对学术道德失范行为的举报并负责对学校提供必要明确的调查结果和处理意见等。

学术伦理规制的必要一环是学术组织建设,认清学术伦理委员会的性质、功能、作用是学术伦理规制有效性的前提和依据。"要么是将业已为大家所分享着,但还没有得到清晰表述的道德共识准确鲜明地阐发出来,要么是通过伦理委员会内部的民主协商与道德权衡程序,将相关的道德共识建构出来。"①显然学术伦理委员会不仅仅是对于学术违规等不端行为的处理,它需要搭建并阐释学术道德共识及促进其实现的保证机制。基于学术伦理状况的现实调查和国内外相关文献的梳理,本研究认为作为规制学术伦理的重要一环——学术伦理委员会的建立意义重大。学术伦理委员会的建立并非凭空而起或者空穴来风,其基于以往的"学风建设委员会""学术道德委员会"或者"学风建设办公室""学术规范委员会",却又与之有着极大的差异。从功能角度而言,学术伦理委员会在学术伦理规制中起着重要的作用,其担负着对学术活动进行伦理规制的具体实施和主要组织者的作用。作为一个学术管理的实践平台,它不仅仅是审查、处理学术不端行为或作为一个学术管理机构具有的咨询功能,它还须担负起学术伦理、学术道德的宣传、培训等作用,是驱动学术伦理价值观的实现,驱动学术走向诚信化的组织。从性质来看,学术伦理委员会是循学术发展本质规律、符合并体现着学术伦理价值观之要求,是一个固定的学术管理组织而非一个临时的学术调查处理小组,其不是直接的决策部门却具备影响决策的权威。

2.学术伦理委员会的组建

学术伦理委员会由教育部、科技部、文化部以及对学术研究拨付款项支援的机构组成,学术伦理委员会不是一个伦理规制的孤立组织,而是以学术伦理委员会为中心的一种顶层学术伦理监督、协调、逻辑紧密的组织。以学术伦理委员会为核心,研究、梳理、分析国内各研究机构的学术伦理状况,研究、制定并推行各种有助于提升学术伦理水平、矫正学术伦理价值观的政策,研究和制定包括学术伦理规范、准则的学术伦理制度。同时推行必要的学术伦理规范等伦理教育培训工作,宣传工作,改善相关制度,为其他学术机构提供必要的学术伦理咨询服务工作,进行必要的学术伦理审

---

① 甘绍平.道德共识的形成机制[J].哲学动态,2002(8).

查、评估工作,并做好自身的维护和建设工作,包括撰写相应的工作章程、操作程序、年度报告总结和档案管理等。其具体部门可分为学术伦理委员会下设学术伦理推进团,推进团具体负责政策研究、制度改善以及对学术伦理问题和状况的调查分析,负责学术伦理委员会的各项政策、制度的落实工作。同时,学术研究领域是一个专业性很强的领域,可为学术伦理委员会设立一个由各个研究机构德高望重、专业精深的专业人员组成的民间咨询组织,给学术伦理委员会提供必要的咨询和建议,具体机构如图 5-2 所示。

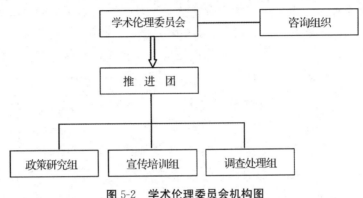

图 5-2　学术伦理委员会机构图

(二)学术伦理委员会的运作机制

学术伦理委员会作为伦理规制的轴心组织机构,其运作机制主要体现在推进团的工作运作中。推进团的工作主要体现在其下设的几个小组上,几个小组相互配合、相互支撑共同推进学术伦理的规制工作。本研究主要从几个小组的运作来说明学术伦理委员会的内在机制。

(1)政策研究组。学术伦理委员会组建之后,政策研究组则根据国内学术研究状况及国际学术研究伦理规制的经验,学术伦理组员与咨询组织充分讨论并征求相关部门的意见,首先确定学术伦理总规则,明确规定学术研究诚实性的核心价值,明确定义学术造假等违背学术伦理的行为并确立学术不端行为的表现、标准;确定研究机构及项目审批管理等研究支援机构的责任和作用;同时确定一些审查研究真实性的步骤、标准和程序等。比如韩国在 2006 年"黄禹锡干细胞造假事件"之后,相继于2007 年 2 月颁布《确保学术伦理准则》(科学技术部训令第 236 号)①,2007 年 4 月由

---

① 教育科学技术部. 确保学术伦理准则[DB/OL]. http://www.mest.go.kr/mekor/inform/info_data/research/1215776_10837.html,2007-2-8;2008-7-28.

韩国学术伦理委员会颁布《确立学术伦理劝告文》①。《确保学术伦理准则》总则中明确规定"造假行为""变造行为""剽窃行为"和"作者名分不实行为"等为违反学术伦理的行为。为韩国的学术研究行为在伦理上予以澄清，并对整饬学术研究的不端行为明确了方向和建立了可行的、操作性强的行为标准，推动了韩国学术的发展。政策研究组确立了基本的准则之后，需要不断地根据国内实际情况与国际接轨汲取新的理念，对学术研究领域的新情况保持敏感状态，随时能做出反应，从而推动学术发展。

（2）宣传培训组。学术伦理委员会的政策研究组确定了学术伦理的规则之后，宣传、培训组要求相应的学术研究机构设立类似的专门管理学术伦理的组织。学术伦理水平的提升，学术规范、规则、理念的内化不是凭空而降的，学术伦理委员会的宣传培训组要积极地进行伦理规则、规范、理念的教育宣传培训工作，使学术伦理内化工作顺利进行，促使学术研究者形成正确的学术伦理价值观并践行于学术研究过程中。学术伦理的宣传与培训工作主要从两方面展开：一是做好学术伦理的宣传工作；二是抓好学术伦理的教育培训工作。诚然很多学术研究者违背学术伦理的行为是故意为之的，但不可否认存在着一些学术研究者违背学术伦理是"无知"而为的行为，是因为他们不了解伦理规范、规则，没有意识到是伦理道德问题，即是一种"无知犯错"。公开、有效的学术伦理的宣传是一种"祛魅"的过程，起着荡浊扬清的价值导向的作用。就如本研究做的问卷调查结果显示，绝大部分高校或研究院所没有开展与学术伦理有关的规范、规则教育，伦理课程的开设更是少之又少，所以学术伦理的宣传显得尤为重要。对于学术伦理宣传工作，本研究认为应具有明确性、生动性、目的性。

首先，明确性是指学术伦理委员会本身的形象要明确，树立一种公正的形象，是一种正义的象征，传递出一种刚正不阿的气质，具有现实性而非一种装点门面的摆设。它是一种承诺，传递着体现学术伦理要求的精神指向和实现学术伦理精神的期望。同时，明确性还应包括对所宣传的学术伦理规则、规范的明确，使学术研究者在研究过程中有着明晰的标准可循，划定学术伦理与非学术伦理行为的边界。这样在处理学术伦理问题时，对学术伦理问题界限认识明确，界定清晰，按着规范给予处理，结果公正。

其次，生动性主要体现在学术伦理的宣传方式上，学术伦理规制的主要目标是要使学术研究者有效地内化学术伦理规则、规范，形成正确的学术伦理价值观。而学术伦理价值观为一些抽象的观念，所以在宣传的过程中可以把学术伦理价值观贯穿在一些影响较大的、典型的学术伦理案例中进行解读。同时尽可能运用现代化的网络、

---

① 教育科学技术部. 确立学术伦理劝告文［DB/OL］. http://www.mest.go.kr/me_kor/inform/info_data/research/1218561_10837.html，2007-4-26.

传媒等媒介，比如网站、QQ、报刊、电视等。

最后，目的性是指学术伦理的宣传目的就是要有效实现伦理规制，矫正学术伦理价值观，提高学术界的学术伦理水平，推动学术发展和创新。所有的活动均以此作为检验的标准和依据。当然，学术伦理宣传的方式很多，没有统一的标准，采取最符合本单位、场景的即好，目的只有一个：推进学术伦理规范建设、形成正确的学术伦理价值观。

宣传培训组在宣传培训之后，也需对大学、研究机构等部门的学术伦理现状做出调查和评估。调查评估的内容主要应该包括：是否设立相应的学术伦理委员会之类的学术伦理监管机构及制定学术伦理规则、制度；是否提供学术伦理相关的教育课程，提供学术伦理教育、学术伦理活动计划；是否建立对违背学术伦理的行为的审议和明确的处罚标准；学术研究中是否将学术创新、诚信视为核心价值；大学、研究机构的学术伦理指南的制定应同时与国际接轨。

（3）调查处理组。学术伦理委员会的调查处理组主要是从伦理学的角度审查学术行为，对违背学术伦理的学术行为进行调查，根据学术伦理规则对其进行处理并做出"善""恶"的价值判断，是伦理规制的重要一环，对学术伦理规制的实现有着重要意义。调查处理组的学术伦理审查应包括三方面：审查的内容、审查的类别、审查的流程。

学术伦理审查的内容。从研究项目申请来看，在项目申请过程中是否符合条件、如实填报申请材料，在研究过程中是否尊重研究对象，是否有效保护研究对象的个人隐私，研究对象的个人权利是否得到保护不受侵犯；研究方式与手段是否人性化（是否破坏动物伦理）或是否存有反人类行为；在研究成果的运用上，需要注意是否对人类的生存（大肆破坏环境或使用生物武器）、人类的伦理秩序和现有的伦理价值观构成潜在的威胁，特别注意对妇女、儿童、残障人士或低收入人群的权利保护工作，在科研调查中如涉及此类人群作为调查对象需切实保障其姓名甚至是工作单位的名称、个人隐私、形象、生活等不要受到威胁甚至是潜在的威胁。研究成果的鉴定是学术伦理审查的核心部分，需要鉴定研究成果中是否有剽窃、弄虚作假、伪造数据、投机取巧、抄袭或者发表虚假成果问题。学术伦理审查还包括对发生的或可能发生的学术不端行为进行审查，对教师的职称评定与申报过程是否有违背学术伦理的问题和教师的任职资格条件等方面的审查。

学术伦理审查的类别。学术伦理审查的类别根据研究阶段的方式不同，一般可分为：初始审查和跟踪审查。初始审查指课题等研究启动之前的伦理审查，如前所提到的申请资料是否实事求是，在项目申请过程中是否符合条件，是否如实填报申请材料等。尤其是对于医药或者生物科技部门的涉及专门的实验研究,需要提交实验方案并经伦理委员会审议,签署同意后方可实施。

跟踪审查则是在课题启动之后,对整个研究过程及研究成果呈现与运用的审查。如审查内容所提出的那样在研究方法、手段,对涉及研究人员的隐私研究过程是否诚实,是否有剽窃、弄虚作假、伪造数据、投机取巧、抄袭或者发表虚假成果等学术不端行为。比如从课题研究方面来说,课题组需要将研究数据保存在专门的电脑里并设立专门的数据库,原始数据放入专门的保险柜中,课题组需要详细报告保险柜的存放地点、谁掌握安全密码、钥匙由谁专门负责,专用保险柜、电脑的型号、编号等。一旦审查出现伦理问题或存在潜在的学术伦理问题,则停止课题研究重新组织材料申请,课题组需就所涉及的伦理问题进行解释和答辩,解决所有的学术伦理问题之后方可启动研究课题。科研启动后在整个学术研究过程中,课题组需要就研究状况在规定时间内提供材料给学术伦理委员会进行年度审核,内容、要求、程序不变直至研究全部结束。在研究过程中如果没能通过学术伦理审查,出现有悖学术伦理的事情,则学术伦理调查处理组则可以追回所有使用经费,要求科研组停止项目研究。这样学术伦理规则可以严格有效地贯彻到学术研究过程之中,有助于学术伦理规则的内化和学术伦理价值观的树立。

学术伦理审查流程。对于学术伦理审查流程,本研究参阅美国及我国医药等其他领域伦理问题的审查程序,概括、提炼、分析之后设定为五个步骤:伦理审查申请、受理、审查、决定、文件存档 。

申请。在初始审查或跟踪审查中均可能出现违背学术伦理的行为,学术伦理的审查可以由项目的主要研究者或者申办人对其研究、实验项目提交伦理审查申请,递交申报表,主要陈述该项目研究、实验主要可能涉及的伦理问题、主要研究人员的专业履历、研究方案、研究者手册、其他管理机构或伦理部门的对申请研究项目的重要决定等。同时,伦理审查申请也包括对研究过程中出现的、研究结果或者成果评价中的虚假有悖伦理的调查处理申请,接收对举报者或媒体报道出来的伦理事件进行处理的指控。

受理。受理的责任人为学术伦理委员会秘书组,并且需建立明确的受理程序:形式、内容审查,受理通知。收到伦理审查的申请或指控后,记录登记,初步进行形式、内容的审查,学术伦理委员会做出评估分类,对于重大的违法行为,超出学术伦理的范畴则移交国家司法部门处理。对于实验类研究的受理,需要检查送审文件是否齐全,并告知其申请材料需要补充的项目及补充材料的截止日期。受理后以书面方式通知项目研究相关方,主要内容包括申请受理号、受理人与日期、送审文件、预定审查日期等。

审查。对于实验类研究的伦理审查，由学术伦理委员会秘书作为负责人，一般以会议审查的方式进行，流程为选择主审委员，准备审查工作表，安排会议日程、议程。主要议程应该有申请者报告研究概况并回答问题、到会人数的规定、利益相关者回避、投票方式做出决定、做好会议记录（相关领导签字）等。同时，对于违背学术伦理的事件指控，为了节省时间和人力等资源，可在正式审查之前进行预审查。在受到指控的一定期限内，学术伦理委员会可先委派一个临时小组对指控人、被指控人及研究部门、研究组相关负责人进行非正式的约谈，对有悖学术伦理的事件做一个初步的调查，在调查过程中注意做好利益相关者的回避工作和保护好重要的数据和资料。根据调查结果在一定时间内向学术伦理委员会做出书面汇报并作为是否进行继续正式调查的依据。被指控人如证据充分证明其存在有悖学术伦理的行为即学术伦理失范问题，则正式深入审查。反之，如问题不存在，则不需进行进一步审查，学术伦理委员会把调查意见及说明及时反馈给相关者。

伦理正式审查则指被指控者存有极大的学术伦理失范的嫌疑，成立专门小组对被指控人的研究成果、研究项目或者职称评定过程、结果等被指控的内容进行审查。主要内容包括：调查取证（证据、证言、证明材料）；落实责任人、责任分担；通知被指控人；限时完成；向学术伦理委员会提交详细的书面形式的调查报告并做出处罚建议。对于主动申请伦理审查的实验类研究则无须走这一步程序。

传达决定。学术伦理委员会调查结果出来之后，在学术伦理价值观的指导之下，严格按照学术伦理准则、规范以及相关的学术伦理制度和操作细则进行处罚。在处罚的过程中可结合被指控人的主观意识程度、经常性还是初犯以及对社会伦理道德负面影响的程度决定如何进行裁决。处罚的方式可有：批评教育、取消资格或荣誉称号、终止项目研究、禁止再度申请的年限、解除聘用合同等。裁决结果以书面形式通知相关各方，如各方有异议可在一定期限内申请再次裁决。对于主动申请的实验类伦理审查，如通过则可以开始研究，如学术伦理委员会没通过则禁止实验研究并对其进行传达。传达决定内容主要包括：研究项目信息（研究批件号、申办者、研究者以及研究机构等）、审查批准文件信息（方案、知情同意书等）、审查委员的信息（参加审查者名单）、决定、送达申请人等。

文件存档。伦理申请或事件控告的处理完结，需要将相关资料保存做好归档工作。包括申请资料、受理通知书、会议议程、会议资料、调查资料、审查结果、时间地点、责任申明等。

四、利益维度的建构：关系主体的利益调控

本研究对利益维度的调控体系建构拟从利益实现的角度去协调合理利益的获取和对不合理利益的导向、协调和控制。伦理关系的本质是对人行为的价值调控，这种价值的调控是基于一定的利益基础的上层行为。对于主体间或主体内部本身的利益矛盾和冲突，从利益角度出发思考是对现实人性的正视，就如费孝通先生的"差序格局"对人性的阐释理论。费先生认为中国的亲情关系是以"己"为中心的，和别人所联系成的社会关系，不会立在同一平面上，就像一粒投入水中的石头的水波一般，愈推愈远愈薄，自利是人的生物本性。

（一）学术伦理关系主体利益差异性的诉求

马克思曾经说过："人们奋斗所争取的一切，都同他们的利益有关。"[①]显然在当今的学术研究活动中，利益诉求是学术伦理不可回避的问题，某种角度而言，利益也是学术研究的原动力。诚如美国著名伦理学家安·兰德所说："道德的目的是阐释适合于人类的价值和利益；人关心自己的利益，这是道德生存的本质；人必须受益于自己的道德行为。"人必须受益于自己的道德行为，反之，所有的行为均失去了基本的动力，基本的、合理的利益满足是有序的伦理关系形成的基础，也是伦理规约、调解的基本目标和本质，实现"善"的秩序的构建。如本研究前面所述，学术伦理是一种特殊的伦理关系，是基于学术研究成果为中介而产生的交互主体的价值关系，由不同的学术主体在学术活动中形成。学术伦理作为协调学术关系之"道"，它在肯定人自身德性修为的完善时也必须直面这种关系最原始、自然的本性。在当今复杂的现实境遇中，学术活动这种交互主体的利益关系不断分化、多元化和差别化，伦理关系中的主体呈现出复杂化和多元化的趋势。但交互主体是基于不同的个人利益又得以与共同利益为基础而形成，正如有学者说："交互主体中的各个主体在现实中却是有着各种利益关系的利益共同体，交互主体的存在以相互间利益关系的某种一致为条件，共同的社会利益才使社会成员互为主体。"[②]学术伦理需表现各利益主体之间的这种价值对应关系。

本研究在第一章详细分析了学术伦理关系的主体，把学术活动的主体分为学术人（学术研究者）、学术研究机构（学院、学校等高等教育机构或研究团体、研究科学与文化的相关群体）、学术评价与管理机构（教育管理机构、科研鉴定机构）和学术交流

---

① ［德］马克思，恩格斯.马克思恩格斯全集（第1卷）[M].北京：人民出版社，1995.
② 高兆明.社会变革中的伦理秩序——当代中国伦理剖析[M].徐州：中国矿业大学出版社，1994.

与传播机构。这里为了表述更为清楚,根据其内在的一些相关性,把上述主体归纳为:学术研究者、学术研究机构和学术评价与管理机构。

对学术研究者而言,学术研究的目的不仅仅是为了发明真理、探索人类进步的路径和规律,而是为了追求一种信仰或享受精神愉悦、自我超越和完善、自我实现等精神上的丰盈。学术研究不断地专门化、职业化,对大多数学术人而言,学术研究的发明与创新往往是生活的一部分,是生存的需要,是满足自身利益的一种方式和手段。他需要创造出学术成果满足生活的基本或高层次的需要,是一种职业或谋生的手段,通过学术研究获得必要的报酬和地位,实现自己自身的地位、提高自身的价值和尊严。

对学术研究机构来说,学术研究机构是学术人的安身立命之所,研究机构是研究者的机构,研究者是研究机构的研究者,两者具有一致性。但正如个性和共性,共性由个性构成但也毕竟不等于个性。学术研究机构是知识研发、创新的平台,引领社会思潮,强调的是科研机构的学术性、前瞻性、批判性和非营利性(对于高校的研究机构而言)。但在当今市场化条件下,科学研发也不可能为唯一的目标,自身立足的需要使它们不可避免地卷入激烈的生存竞争之中,研究成果与资源、效益接轨与自身利益密切相关。对于高校而言,很多的院校在高等教育走向大众化的过程中,不断重组或者被兼并;在高校质量评估中,基于自身利益要求,科研成果等方面不断需要以"跃进"速度前进,逼迫大量的学术抄袭、剽窃等学术道德失范行为的产生,极大地冲击了学术伦理秩序。

对学术评价与管理机构而言,学术研究者或学术研究机构的学术成果、学术影响及学术研究项目需要得到认证和做出价值判断也需要得到必要的监督和管理,这是学术评价和管理机构的使命。根据不同的评价对象,产生不同的评价机构、部门,人员评价(学位评定、职称评定)——相应的教育管理机构;成果评价(评奖活动、论文等)——出版、编辑部门等;机构评价(硕博点、重点实验基地、学科等)——相应的教育、科研等管理部门;项目评价(自然、社科等项目的评价)——科研管理部门。学术评价是学术共同体对自身工作的一种认证,需以推动学术继承、创新为目标,维护自身的权威和学术共同体的利益。但因学术评价与各种资源配置以及学术研究者和学术研究机构的利益密切联系,加上评价制度自身不健全,评价体系和评价方法不完善、不规范等极大地损害了学术共同体的利益,破坏了学术研究的纯粹性,破坏了学术创新的内在机制,导致一些学术腐败、有悖学术伦理的现象发生。

在当今市场化的激烈竞争中,各个伦理关系的主体有各自的、多层的利益需要,学术伦理的交互主体性特点,需要个体之间基于共同的利益而共同主体化,基于主体间的共同理解和沟通实现共同利益和共同发展。学术研究者、学术研究机构和学术评价与管理机构等学术主体间及其内部诸要素之间均有着利益的矛盾和冲突,所以协调各方面的利益冲突,正视各个主体正确的利益诉求和遏制非法的利益赚取,需要建立一个有效的利益调控体系以协调各方关系,进行价值引导,矫正学术伦理价值观、提高学术伦理水平,实现善的伦理秩序构建。

(二)利益维度的架构体系:利益导向、利益激励、利益控制和利益约束机制

利益维度的调控体系包括利益导向机制、利益激励机制、利益控制机制和利益约束机制。利益导向机制是从利益目标、道德、价值层面引导学术主体的逐利行为,强化各主体间的利益目标一致性的认识,克服和抵制混乱价值观的影响,矫正因价值非理性而至的道德失范等非理性行为,引导学术主体在合乎道德规范的基础上进行学术研究、获得相应的利益。利益激励机制是基于人性自利的倾向,满足人自身基本发展的需求和合理的利益诉求,最大限度地激发人的创造力和活力。利益控制机制主要是对不同学术主体间的利益纠纷进行调节和控制,维护学术论理基本秩序。利益约束机制的目标主要是制止、纠正或者惩罚不当逐利行为,防止破坏伦理关系的逐利行为。下面分而述之。

利益导向机制是基于承认人的生物性本质的,即人天生具有自利的属性,但人同时具有文化价值性。文化价值性是人的更高一级的属性,有着自我价值实现的追求,不仅仅具有自利也有利他的属性,其满足不同于一般生物更需要一种心理上的满足,即也有种利他的价值属性。不再是金钱、物质驱动的机械,而成为具有价值观、是非感、责任感、道德情怀的主体,这使伦理导向具有了可能性和现实可行性。利益导向主要是使学术主体的逐利行为遵守一定的道德规范和价值理念,围绕着一定的价值目标进行,主要从价值和道德层面进行引导。在目标上要引导学术主体在根本利益上达成共识,在学术研究根本利益上具有一致性。这样各主体在追逐个体利益或在个体利益与根本利益相冲突的情况下,个体利益能做相应的调节不损害根本利益。同时对于学术主体追求学术利益的行为予以必要的价值导向,进行学术利益追求正确、必要的价值导向,符合学术共同体的学术价值观。最后对于学术主体的逐利行为也要进行道德评判,其行为必须符合基本的学术道德规范和法律法规的要求,不能逾越道德底线,通过损害学术共同体等公共利益来获取个人利益。

利益激励机制的关键是"激励",激励是内心的状态诸如希望、动机、愿望等内心要争取的条件在一定状态下通过努力提高水平而实现,即既满足组织目标又达成个体需要的愿望,即个体通过外部条件的"诱惑"而表现出来的强烈的进取心态。一般

而言,激励包含三个基本的因素:激励对象即客体的需要、激励主体给定的目标、目标达成后的承诺。这三个要素缺一不可,且激励主体可信承诺是沟通前两者之间的桥梁和纽带,如何实现客体的需要和激励主体给定的目标之间的连接是激励的核心问题。激励机制的运行模型有"内在奖酬"和"外在奖酬"两类。由"外在激励"产生"外在奖酬",主要指激励主体控制的资源、工资、晋升、身份职位、安全需要等用以满足低层次的外在的物质层面的需要。相应的,"内在激励"是指"内在奖酬",它使人有实现价值的满足感,是自我实现和其他高层次需要的实现。具体到学术研究主体而言,利益激励机制的最终目标是通过调动学术主体的积极性和主动性而激发学术主体的创造性和献身学术研究的精神。利益激励机制要求不断增强学术活动主体的创造力,尊重其主体地位,提高其政治、经济地位及为他们创造良好的学术研究环境和氛围,既满足其合理的利益需求又能实现其价值追求和道德理想。一般而言,利益激励主要从物质层面的激励和精神价值层面的激励入手,物质层面的激励机制需要一定的物质保障机制,包括物力、财力等相应的物质保障,还包括实验场地、项目经费投入上的保障;精神层面的激励是对学术活动主体精神上的刺激和鼓励。如马斯洛的需要层次理论,人的需要包括:生理需要、安全需要、交往需要、尊重需要和自我实现的需要。生理需要、安全需要、交往需要是外在奖酬,尊重需要和自我实现的需要是内在奖酬,两者的实现是伦理秩序有序的根本和基本条件。

利益控制机制的主要目标是纠正偏差,确保事物沿着既定的轨道行进,具有一定的强制性和干预性。一般而言,控制分为:前馈控制、同期控制和反馈控制。前馈控制需要通过制定预见性和防御性的措施,消除不当利益追逐于萌芽之中;同期控制适时跟踪学术研究过程,出现问题及时矫正和处理,避免重大违纪违规的不端行为出现;反馈控制于事后进行,对活动过程中难以预料的因素分析研究,找出内在根源,并寻找解决的方法。控制的步骤一般而言分为目标制订(目标派生出系列具体指标、落实到各级控制单元)、成果评定(衡量实际业绩)、分析差异(实际结果与目标的差异,出现问题则实施控制)、控制调节(分析结果,制定措施纠正偏差)。具体到学术研究活动而言,要注意控制过度和控制不足,两者张力不当不仅会破坏伦理关系秩序,还会阻碍学术自由、影响学术独立和学术创新。控制过度表现为对学术研究的每一环节都要进行干预和干涉,严格按照一定的模式和程序进行,破坏学术规律。控制不足表现为对学术活动主体的违反合理利益的行为不闻不问,对于学术不端问题没有采取积极的措施。

关于利益约束机制,老子说:"失道而后德,失德而后仁,失仁而后义,失义而后礼。"治国策略以"道"为基点,德、仁、义、礼均是亡羊补牢的替补措施,"道"是关系背后运行之理和基本规律,制约、协调着各方关系,是关系有序行进和谐存在的无形力量。老子之"道"一向都是无形的,于无形中调节、于无形中存在、于无形中发挥作用和力量,就像"大象无形,大音希声"(《道德经》)。此种"此处无声胜有声"的"道"的无形支配作用是基于主体间的博弈后的一种平衡,如生态链中的自然制衡。于伦理关系而言,整饬的伦理关系的形成和维护需利用主体间的利益耦合关系,通过主体间内在的制约和平衡实现。耦合关系以主体之间的责、权、利的统一为基础,通过学术活动主体彼此之间相互制衡产生作用。这种学术主体间的耦合可以有学术研究机构与学术管理部门之间的耦合;学术管理者与学术评价部门以及学术研究者与学术评价部门之间的耦合等。比如对于学术研究机构和学术管理部门来说,以大学为例,学术管理部门经常制定出多种条条框框、目标策略和一些生硬的达标体系从外部对学校进行质量评估等。其实对于学校的生存发展而言最主要的利益动力,是学校和学生之间的利益冲突。学校要获得发展、声誉、名望以及随之而来的物质利益,学生需要知识的增加和能力的提高,要获得社会认可的文凭,他们之间才需要建立起制衡的耦合关系。同时面对学术不端等道德失范现象,不断地在制定制度、策略,谁来监督手段的实施、制度的运行? 谁来监督监督部门呢? 从学术主体间内在的利益冲突入手寻找其利益制衡机制,进行利益约束是解决学术伦理失范,提高学术伦理水平的关键。诚如达·芬奇所言:"力量在制约中产生,在自由中消亡。"

结　语

　　学术不端事件严重挫伤了学术的发展和创新,动摇着其内在的能量基础。对学术不端等失范行为的治理过程一直醉心于制度、法律法规或者技术等"外律"致思路径的快感中。当然,虽有过通过制度"他律"与内在道德"自律"而实现学术良性运作的愿望,但在现实中往往执着于制度式的惩罚取向。这种制度式的治理方式能即产即用、精确打击符合管理学的效率逻辑。但在价值、利益、兴趣多元化的现状之下,单一的制度等"外律"治理完全适应不了目前复杂的社会结构需求,从而不断催生出新的制度去堵塞旧的制度乏力的漏洞。在"以恶制恶"的制度化建设中,伦理、道德的空间不断被挤压而边缘化,或者有着建构伦理秩序、提高道德修为的呼声,但也只是说说居多,鲜见实质性的行动。康德曾说过最令人敬畏的是"头顶的星空"和"内心的道德律令",就治理事项而言,凡事只有上升到伦理道德等精神价值层面才会引起人内心的震撼而不断反思其本身行为的合理性,从而产生不断矫正自身行为的动力和动机,让人保持高度的自律,让人驱恶扬善。

　　学术伦理是学术自律的内在支撑性力量和资源,提升学术伦理水平是本研究的目的和归依。学术伦理解决的是学术"善"的问题,是协调维持学术关系和谐状态的内在之"道",指导、表明着学术基本的是非立场,作为学术道德的原初根据和出发点,学术伦理是学术领域中学术人应当遵守的道德规范确立的依据、价值内涵和逻辑起点,学术伦理是学术道德的内核和学术道德客观判断的依据。同时,学术伦理不仅仅是学术人在学术活动中遵守的学术道德规范制定的价值内涵和逻辑起点,也不仅仅外化于道德规范、规则。它本身具有一种"科学的精神特质",这种"科学的精神特质"是学术伦理的价值核心,推动着学术对真理的不懈追求,规约着学术人通过自身的学术活动不断"为世界祛魅",实现学术追求真理的价值导向。

　　学术伦理失范是学术主体对学术价值和追求的背离,其外化为学术不端行为。本研究在所做的学术伦理问卷调查中发现,学术伦理水平低和学术伦理价值观紊乱是学术不端产生的内在原因,这是对学术主体进行伦理性规制的逻辑起点和必要前提。伦理规制是以内在的伦理价值观与外在的伦理规范、规则及其运行机理的统一。作为一种伦理层面上的特殊规制，其目的是实现学术伦理的重建，它符合学术研究的规律，也符合学术的劳作特点。对学术主体进行伦理性的规制最终使学术主体有能力驾驭自己，不仅成为"高深学问的看护人"，也成为自身"伦理准则的守护者"。通过提升学术伦理水平和矫正学术伦理价值观（内化学术伦理规范、规则等），即用伦理规制而改变学术伦理失范现状不失为一种较为彻底而有效的学术行为失范的治理路径。

本研究认为从伦理层面对学术不端者进行规制是一种较适合学术研究规律的学术治理之路，更切合学术研究工作的特点，拥有比一般学术治理更为有效的规约力。学术失范的实质是学术伦理的失范，是对学术立足之根本的背叛，其行为偏离了学术主体应有的品质和道义，是学术主体对学术价值和追求的背叛，其外化为学术不端。学术不端的源头在于学术伦理意识缺失、学术伦理价值观的紊乱，所以，应从源头上对学术伦理进行规制无疑可以增强学术的公信力和创新力，矫正学术腐败风气。价值观在提升学术伦理水平、形成伦理意识、维护伦理秩序方面有着重要作用，学术伦理规制则是以内化学术价值观、矫正学术道德失范为特征的价值性规制。

同时，学术伦理规制是对学术不端者伦理失范的一种回应，学术伦理规制的价值在于其存在可以有效遏制学术不端行为。其次，表现为学术伦理规制与学术活动的特点和运作规律相呼应。对于有着较强主观色彩和需要较多自由及专业性较强的学术研究活动，单一地从法律、制度等层面进行规制不仅不利于学术的发展和创新，反而在实际运用中会产生外力强制性"入侵"学术领域，最终损害学术自由，妨碍学术发展的情况。所以从伦理层面对学术不端者进行规制，强调的是加强学术主体的心性修养，从内心入手矫正学术伦理价值观，重视学术的操作过程，具有较大的灵活性，兼顾学术活动的整体性。既照应了学术研究特点，也顺应了学术发展的内在规律，是符合学术研究的一种管理方式。同时，从学术研究的劳动特点来说伦理规制是一种契合学术活动性质的学术管理方式。对于学术研究者而言，发现真理、增进知识需要坚持独立、忠于真理，要独立钻研、勇于探索，需要有自己的学术信念、学术追求和勇于奉献的学术精神。就学术研究这一特殊的事项，这种内在的担当和德性的修为显然无法仅靠外在的法律、制度等管理实现，需要学术研究主体自身的自觉与自律。显然这种内在品质的提高仅靠"他律"调动不了学术研究者的创作热情，反而会利用其专业性进行反弹，从而扰乱学术的发展和创新。

本研究在认真解读"学术伦理"与"规制"的基础上，通过分析学术伦理关系中主体的权责状况，以及从学术道德治理的经验和教训出发，分析对学术主体进行规制的可行性，并详细研讨了如何提升学术伦理水平、矫正学术伦理价值观。其具体的现实路径建构体系包括以下四个维度。

价值维度的建构（学术伦理价值观的培育）。学术伦理、学者自身的学术道德品性是学术道德建设的重要一环，是指导行为的内在动因。学术伦理规制的首要任务是学术伦理价值观的培养，明确基本的学术伦理规范、规则，这是形成学术伦理价值观的逻辑起点，也符合学术伦理是由内在的学术价值观和外在的规则、规范统一的特性。同时，有效的学术伦理价值观的培育离不开合理、全面、有效的学术规范的文本建设。

制度维度的建构（学术伦理制度化）。将学术伦理关系和伦理活动规范制度化，即以制度方式呈现的伦理要求或明白公示的价值规范，借助制度的强制性力量将仅靠习俗、舆论、内心信念来约束的学术伦理规范、要求通过制度化的途径予以保证和实现。

组织维度的建构（组织机构建设）。学术伦理规制的实质是一种过程式的防范和激励，学术伦理规制不仅仅是制定一套学术伦理制度，也是在基于制度依据的基础上，用某种纽带把涉及学术伦理规制方方面面的事情联系在一起。由某种机构拿出一套具体的、科学的有关学术伦理价值观的操作规程并付诸实施，即学术伦理的组织化。只有这样，学术伦理才能内化到学术研究者的理念中，成为推动学术发展的精神动力，学术伦理规制的作用才能实现。学术伦理的组织是学术伦理制度化的进一步落实，是其具体化和实践化。学术伦理规制的组织建设主要包括建立学术伦理的组织机构及其运行的内在机制。

利益维度的建构（学术伦理的利益约束机制）。美国著名伦理学家安·兰德说："道德的目的是阐释适合于人类的价值和利益；人关心自己的利益，这是道德生存的本质；人必须受益于自己的道德行为。"[①]本研究对于利益维度的调控体系拟从利益实现的角度去协调合理利益的获取和对不合理利益的导向、协调和控制。伦理关系的本质是对人行为的价值调控，这种价值的调控是基于一定的利益基础的

---

① ［美］安·兰德.自私的德性[M].焦晓菊译.北京：华夏出版社，2007.

上层行为。对于主体间或主体内部本身的利益矛盾和冲突，从利益角度出发思考是对现实人性的正视，就如费孝通先生的"差序格局"对人性的阐释理论。费先生认为中国的亲情关系是以"己"为中心的，和别人所联系成的社会关系，不会立在同一平面上，就像一粒投入水中的石头的水波一般，愈推愈远愈薄。自利是人的生物本性，所以从利益维度去调控、约束也是学术伦理规制促进学术伦理关系处于良好运作状态的动力之一。

参考文献

1.著作类

[1]战颖.中国金融市场的利益冲突与伦理规制[M].北京：人民出版社,2005.

[2]梁启超.中国近三百年学术史(新校本)[M].北京：商务印书馆,2013.

[3]丁瑞莲.金融发展的伦理规制[M].北京：中国金融出版社,2010.

[4]王冀生.大学理念在中国[M].北京：高等教育出版社,2008.

[5][法] 涂尔干.道德教育[M]. 陈光金等译.上海：上海人民出版社,2001.

[6]梁启超.清代学术概论[M].上海：上海古籍出版社,1998.

[7]中共中央马克思恩格斯列宁斯大林著作编译局.马克思恩格斯选集：第 3 卷[M].北京：人民教育出版社,1972.

[8]李德顺.价值论：一种主体性的研究[M].北京：中国人民大学出版社,2008.

[9][德]黑格尔.法哲学原理[M].范扬,张企泰译.北京：商务印书馆,2013.

[10][美]约瑟夫·本·戴维.科学家在社会中的角色[M].赵佳苓译.成都：四川人民出版社,1988.

[11][美]R.T.诺兰.伦理学与现实生活[M].姚新中等译.北京：华夏出版社,1998.

[12][日]山崎茂明.科学家的不端行为——捏造·篡改·剽窃[M].杨舰,程远远等译.北京：清华大学出版社,2005.

[13]梁启超. 梁启超论清学史二种[M]. 朱维铮注.上海：复旦大学出版社,1985.

[14][德]马克斯·韦伯.学术与政治[M].冯克利译.北京：生活·读书·新知 三联书店,2013.

[15][日]植草益.微观规制经济学[M].朱绍文等译.北京：中国发展出版社,1992.

[16][古希腊]亚里士多德.政治学[M]. 吴寿彭译.北京：商务印书馆,1981.

[17]罗志敏.学术伦理规制——研究生学术道德建设的新思路[M].北京：知识产权出版社,2013.

[18][美]威廉·布罗德、尼古拉斯·韦德.背叛真理的人们:科学殿堂中的弄虚作假者[M].朱进宁,方玉珍译.上海:上海科技教育出版社,2004.

[19][德]马克思.资本论:第 3 卷[M].郭大力,王亚南译.上海:上海三联书店,2009.

[20][德]费希特.论学者的使命,人的使命[M].梁志学,沈真译.北京:商务印书馆,2013.

[21]冯坚,王英萍,韩正之.科学研究的道德与规范[M].上海:上海交通大学出版社,2007.

[22][美]李克特.科学是一种文化过程[M].顾昕,张小天译.北京:生活·读书·新知三联书店,1989.

[23][美]约翰·布鲁贝克.高等教育哲学[M].王承绪,等译.杭州:浙江教育出版社,1998.

[24][日]庆伊富长等.大学评价——评价的理论与方法[M].王桂等译.长春:吉林教育出版社,1990.

[25][加]范德格拉夫等.学术权力——七国高等教育管理体制比较[M].王承绪译.杭州:浙江教育出版社,2001.

[26]林昌建.驾驭权力烈马——公共权力的腐败与监控[M].杭州:浙江大学出版社,2003.

[27][德]康德.实践理性批判[M].邓晓芒译.北京:人民出版社,2003.

[28]司林波.教育问责制国际比较研究[M].大连:辽宁大学出版社,2010.

[29]李建华.法治社会中的伦理秩序[M].北京:中国社会科学出版社,2004.

[30][美]约翰·罗尔斯.道德哲学史讲义[M].张国清译.上海:上海三联书店,2003.

[31]韦政通.中国思想史[M].上海:上海书店出版社,2003.

[32]陈元方,邱仁宗.生物医学研究伦理学[M].北京:中国协和医科大学出版社,2003.

[33][法]埃德加·莫兰.复杂性与教育问题[M].陈一壮译.北京:北京大学出版社,2004.

[34]檀传宝.教育伦理范畴研究[M].北京:北京师范大学出版社,2000.

[35]孙彩平.道德教育的伦理谱系[M].北京:人民出版社,2005.

[36]田秀云.当代社会责任伦理[M].北京：人民出版社,2008.

[37]宋希仁.西方伦理思想史[M].北京:中国人民大学出版社,2004.

[38]金生鈜.规训与教化[M].北京:教育科学出版社,2004.

[39]刘长海.德育思想与中国德育变革[M].武汉:华中科技大学出版社,2008.

[40][美]菲利普·G.阿特巴赫.变革中的学术职业——比较的视角[M].别敦荣译.青岛:中国海洋大学出版社,2007.

[41]许建良.先秦儒家的道德世界[M].北京:中国社会科学出版社,2008.

[42][美]詹姆斯·雷切尔斯.道德的理由[M].杨宗元译.北京:中国人民大学出版社,2009.

[43]张世英.哲学导论[M].北京:北京大学出版社,2008.

[44]黄书光.价值观念变迁中的中国德育改革[M].南京:江苏教育出版社,2008.

[45]蒋一之.道德原型与道德教育——道德原型及其教育价值研究[M].杭州:浙江大学出版社,2008.

[46][德]尼古拉·库萨.论有学识的无知[M].尹大贻译.北京:商务印书馆,1997.

[47]杨国荣.伦理与存在:道德哲学研究[M].上海:华东师范大学出版社,2009.

[48][德]康德.实践理性批判[M].邓晓芒译.北京:人民出版社,2009.

[49][英]边沁.道德与立法原理导论[M].时殷弘译.北京:商务印书馆,2009.

[50]李康平.当代中国马克思主义德育思想研究——改革开放30年党的德育理论发展研究[M].北京:社会科学文献出版社,2009.

[51]张忠华.德育基本理论研究三十年[M].哈尔滨:黑龙江人民出版社,2010.

[52]唐汉文.现代美国道德教育研究[M].青岛:山东人民出版社,2010.

[53]戚万学.道德教育的文化使命[M].北京:教育科学出版社,2010.

[54]赵振洲.现代西方道德教育策略研究[M].济南:山东人民出版社,2010.

[55]王恩华.学术越轨批判[M].长沙:湖南师范大学出版社,2005.

[56]唐爱民.20世纪西方社会思潮与道德教育[M].济南:山东人民出版社,2010.

[57]冯建军.差异与共生:多元文化下学生生活方式与价值观教育[M].成都:四川教育出版社,2010.

[58]肖群忠.道德与人性[M].郑州:河南人民出版社,2003.

[59]唐汉卫.现代美国道德教育研究[M].济南:山东人民出版社,2010.

[60][加]萨姆纳.权利的道德基础[M].李茂森译.北京:中国人民大学出版

社,2010.

[61][美]唐玛丽·德里斯科尔,麦克·霍夫曼.价值观驱动管理[M].徐大建等译.上海:上海人民出版社,2005.

[62][英]沃伯顿.从《理想国》到《正义论》[M].林克译译.北京:新华出版社,2010.

[63][美]唐纳德·肯尼迪.学术责任[M].阎凤桥译.北京:新华出版社,2002.

[64][英]弗兰西斯·哈奇森.道德哲学体系(上、下)[M].江畅译.杭州:浙江大学出版社,2010.

[65]张忠华.德育基本理论研究三十年[M].哈尔滨:黑龙江人民出版社,2010.

[66]刘余莉.儒家伦理学——规则与美德的统一[M].北京:中国社会科学出版社,2011.

[67][英]约瑟夫·拉兹.实践理性与规范[M].朱学平译.北京:中国法制出版社,2011.

[68][捷]夸美纽斯.大教学论[M].傅任敢译.北京:教育科学出版社,2011.

[69][英]约翰·H.霍兰.隐秩序·适应性造就复杂性[M].周晓牧译.上海:上海科技出版社,2011.

[70][美]约翰·罗尔斯.正义论[M].何怀宏译.北京:社会科学出版社,2012.

[71][德]黑格尔.小逻辑[M].贺麟译.北京:商务印书馆,2012.

[72]易连云.重建学校精神家园[M].北京:教育科学出版社,2003.

[73]王前.中国科技伦理思想史论[M].北京:人民出版社,2007.

[74][古希腊]亚里士多德.尼各马可伦理学[M].廖申白译.北京:商务印书馆,2003.

[75][美]阿拉斯代尔·麦金太尔.伦理学简史[M].龚群译.北京:商务印书馆,2003.

[76][加]许志伟.生命伦理:对当代生命科技的道德评估[M].朱晓红译.北京:中国社会科学出版社,2006.

[77]邓正来.中国学术规范化讨论文选[M].北京:法律出版社,2004.

[78]高兆明.社会变革中的伦理秩序——当代中国伦理剖析[M].中国矿业大学出版社,1994.

[79]江新华.学术何以失范——大学学术道德失范的制度分析[M].北京:社会科学文献出版社,2005.

[80]卢风,肖巍.应用伦理学导论[M].北京:当代中国出版社,2005.

[81]李郁芳.体制转轨时期的政府微观规制行为[M].北京:经济科学出版社,2003.

[82]强以华.西方伦理十二讲[M].重庆:重庆出版社,2008.

[83][德]卡尔·雅斯贝尔斯.时代的精神状况[M].王德峰译.上海:上海译文出版社,1997.

[84][美]约翰·布鲁贝克.高等教育哲学[M].王承绪等译.杭州:浙江教育出版社,2001.

[85]冯坚,王英萍,韩正之.科学研究的道德与规范[M].上海:上海交通大学出版社,2007.

二、报纸期刊类

[1]宋希仁.论伦理关系[J].中国人民大学学报,2000(3).

[2]宋希仁.伦理与道德的异同[J].河南师范大学学报(哲学社会科学版),2007(9).

[3]李建华,刘仁贵.伦理与道德关系再认识[J].江苏行政学院学报,2012(6).

[4]别敦荣.学术管理、学术权力等概念释义[J].清华大学教育研究,2000(2).

[5]张珏.试论大学的学术权力[J].黑龙江高等教育,2001(3).

[6]黄永忠.高校学术权力的异化和规制[J].现代教育科学,2013(1).

[7]石建峰.道德制度化探析[J].理论导刊,2002(2).

[8]陈筠泉.制度伦理与公民道德建设[J].道德与文明,1998(6).

[9]吕耀怀.科技伦理:真与善的价值融合[J].道德与文明,2001(1).

[10]甘绍平.道德共识的形成机制[J].哲学动态,2002(8).

[11]易连云."道"、"德"的层次性与学校德育改革[J].高等教育研究,2003(5).

[12]韩玉,易连云.从规范约束到意义引领——生存论视域下的大学职业道德教育[J].高等教育研究,2008(11).

[13]杜时忠.当前学校德育的三大误区及其超越[J].教育研究,2009(8).

[14]高德胜.论大学德性的遗失[J].全球教育展望,2009(12).

[15]高德胜.道德冷漠与道德教育[J].教育学报,2009(6).

[16]叶澜.深入到教育热点背后[J].中国教育学刊,2009(7).

[17]檀传宝.公民教育:中国教育与社会的整体转型[J].中国德育,2010(12).

[18]檀传宝.论"公民"概念的特殊性与普适性——兼论公民教育概念的基本内涵[J].教育研究,2010(5).

[19]杜时忠.教师师德越高越好吗? [J].中国德育,2010(2).

[20]易连云.传统道德教育研究的范式转换[J].教育研究,2010(4).

[21]易连云,邓达.新媒体时代比较教育研究面临的挑战与选择[J].比较教育研究,2010(5).

[22]高德胜."解放"的剥夺——论教育如何面对个体人的膨胀和公共人的衰落[J].教育研究与实验,2011(2).

[23]檀传宝.经济教育与道德教育——兼论学校德育如何适应市场经济[J].中国教育学刊,2012(7).

[24]叶澜.教师要做"师"不做"匠"[N].中国教育报,2012-02-27.

[25]杜时忠.论德育的过程本质[J].教育科学研究,2013(2).

[26]朱小蔓.教育在社会主义核心价值体系建设中的使命[J].中国农村教育,2013(2).

[27]解如华.基于生命关怀理念下的高效德育实效性探究[J].教育与职业,2013(8).

[28]李志峰,沈红.论学术职业的本质属性——高校教师从事的是一种学术职业[J].武汉理工大学学报(社会科学版),2007(6).

[29]熊丙奇."烟草院士"难题可以有解[N].东方早报,2013-11-13.

[30]周云."刑不上教授"放任学术不端行为[N].云南经济日报,2010-4-12.

[31]孙海华.西安交大教授举报学者续:任何认定造假成难题[N].中国青年报,2009-08-01.

[32]罗志敏.是"学术失范"还是"学术伦理失范"[J].现代大学教育,2010(5).

[33]阎光才.高校学术失范现象的动因与防范机制分析[J].高等教育研究,2009(2).

[34]尧新瑜."伦理"与"道德"概念的三重比较义[J].伦理学研究,2006(7).

[35]罗志敏."学术伦理"诠释[J].现代大学教育,2012(2).

[36]寇东亮."德性伦理"研究述评[J].哲学动态,2003(6).

[37]王仕杰."伦理"与"道德"辨析[J].伦理学研究,2007(6).

[38]李晔,苗青.从"客观性"到"规范性"——伦理规范之"基础"论证中的论题转换[J].齐鲁学刊,2010(5).

[39]吕耀怀.道德建设:从制度伦理、伦理制度到德性伦理[J].学习与探索,2000(1).

[40]万俊人.制度伦理与当代伦理学范式转移——从知识社会学的视角看[J].浙江学刊,2002(4).

[41]高兆明.制度伦理与制度"善"[J].中国社会科学,2007(6).

[42]谢俊.论学术自由视野下的学术道德[J].高教探索,2008(6).

[43]杨玉圣.学术腐败、学术规范与学术伦理——关于高校学术道德建设的若干问题[J].社会科学论坛,2002(6).

[44]柳圣爱. 韩国学术伦理建设评介[J]. 高等教育研究,2009(7).

[45]佚名.韩忠朝委员:刑法应设剽窃罪,严惩学术腐败[N].新京报,2005-3-12.

[46]罗志敏.是"学术失范"还是"学术伦理失范"—大学学术治理的困惑与启示[J]. 现代大学教育,2010(5).

[47]曾伟.国家科学基金委首次公布 2001 年学术腐败案件[N].北京青年报,2002-01-08.

[48]储召生.学术不端需要什么样的"防火墙"[N].中国教育报,2009-07-30.

[49]杨学功.学术的社会担当—关于学术伦理的对话[J].社会科学管理与评论,2002(2).

[50]蒋少飞.从词源上简述伦理与道德的概念及关系[J].改革开放,2012(10).

[51]曾国安. 管制、政府管制和经济管制[J].经济评论,2004(1).

[52]韦正翔.金融伦理的研究视角——来自《金融领域中的伦理冲突》的启示[J].管理世界,2002(8).

[53]余三定.新时期学术规范讨论的历时性评述[J].学术批评网,2004(11).

[54]杜金玉.学术道德问题讨论综述[J].上海教育科研,2009(12).

[55]杨玉圣.九十年代中国的一大学案——学术规范讨论备忘录[J]. 河北经贸大学学报,1998(5).

[56]蒋国保.我所理解的学术道德[J].安徽史学,1995(4).

[57]钱念孙.学术道德漫谈——从"史德"到"史心"[J].安徽史学,1995(4).

[58]水天.学术道德的当代性[J].安徽史学,1995(4).

[59]蒯大申.学术道德与社会文化环境[J].安徽史学,1995(4).

[60]谢俊.论学术自由视野下的学术道德[J].高教探索,2008(6).

[61]周云."刑不上教授"放任学术不端行为[N].云南经济日报,2010-4-11.

［62］阮云志.国内学术道德失范与建设研究述评［J］.科技管理研究,2013(4).

［63］胡伟希.20 世纪中国哲学的学术伦理:"日神类型"与"酒神类型"［J］.学术月刊,1999(3).

［64］王晓辉.学者伦理,学者内在的品质［J］.比较教育研究,2012(9).

［65］蒋少飞.从词源上简述伦理与道德的概念及关系［J］.改革开放,2012(10).

［66］罗志敏."学术伦理"诠释［J］.现代大学教育,2012(2).

［67］俞吾金.也谈学术规范、学术民主与学术自由［J］.学术界,2002(3).

［68］高兆明.黑格尔"伦理实体"思想探微［J］.中国人民大学学报,1999(4).

［69］罗志敏.大学教师学术伦理水平的实证分析［J］.高等工程教育研究,2011(4).

［70］杨玉圣.为了中国学术共同体的尊严——学术腐败问题答问录［J］.社会科学论坛,2001(10).

［71］白勤,易连云.道德信仰:高校境界德育的价值取向［J］.高等教育研究,2009(11).

［72］李伯重.论学术与学术标准［J］.社会科学论坛,2005(3).

［73］曾天山.高校教育科研中的法律和伦理问题［J］.高等教育研究,2007(12).

［74］杨跃.教师教育者身份认同困境的社会学分析［J］.当代教师教育,2011(3).

［75］朱海林.论伦理关系的特殊本质［J］.道德与文明,2008(3).

［76］卢愿清,张春娟."坦然"作弊:大学生作弊的道德心理研究［J］.黑龙江高教研究,2008(1).

［77］易连云.成人教育中的德育研究［J］.西南师范大学学报,1996(2).

［78］石中英.关于当代道德教育问题的讨论［J］.教育研究,1996(7).

［79］马少山.德育过程的美育化是解决德育低效的有效途径［J］.安徽教育,1997(10).

［80］李 刚,高静文.市场经济与道德代价［J］.哲学研究,1997(3).

［81］易连云.传统道德中的生命意义解读——论"生命·实践"道德体系的构建［J］.教育学报,2005(4).

［82］易连云,兰英.新媒体时代学校德育面临的危机及对应策略［J］.高等教育研究,2010(5).

［83］鲁洁.关于负责人的道德主体如何成长的一种哲学阐释——基于巴赫金道德哲学的解读［J］.全球教育展望,2011(2).

［84］李瑶.道德学习:高校德育的理性回归［J］.黑龙江高教研究,2011(1).

［85］易连云.新媒体时代比较教育研究面临的挑战与选择［J］.比较教育研究,2010(5).

[86]易连云.周易·蒙中的儿童道德教育思想[J].学校党建与思想教育,2011(6).

[87]檀传宝.努力加强"公民道德教育"[J].人民教育,2011(1).

[88]余清臣.交互主体性与教育:一种反思的视角[J].教育研究,2006(8).

三、硕博论文类

[1]徐梦杰.伦理视角下高校学生学术操守研究[D].上海:华东师范大学,2013.

[2]潘晴燕.论科研不端行为及其防范路径探究[D].上海:复旦大学,2008.

[3]胡讳赞.西方德性伦理传统批判[D].长沙:中南大学,2008.

[4]江新华.大学学术道德失范的制度分析[D].武汉:华中科技大学,2004.

[5]段立斌.科学不端行为治理对策研究[D].兰州:兰州大学,2008.

[6]耿秀梅.我国大学教师的学术责任研究[D].石家庄:河北师范大学,2006.

[7]罗志敏.大学学术伦理及规制研究[D].武汉:武汉大学,2010.

[8]朱燕.美国大学生学术不端的防治研究[D].北京:北京大学,2008.

[9]颜卫亚.学术责任的伦理探析[D].石家庄:河北师范大学,2006.

[10]雷博.论科学不端现象及其法律应对[D].太原:太原科技大学,2010.

[11]王恩华.学术越轨与大学学术管理[D].武汉:华中科技大学,2004.

[12]胡剑.欧美科研不端行为治理体系研究[D].合肥:中国科学技术大学,2012.

[13]蒋美仕.科研不端行为及其防范体系的理论与范例研究[D].长沙:中南大学,2009.

[14]吕群.学术不端的新闻舆论监督研究[D].长沙:湖南大学,2010.

[15]韩丽峰.科学活动中若干失误问题的研究[D].合肥:中国科学技术大学,2007.

[16]朱燕.美国大学生学术不端的防治研究[D].北京:北京大学,2008.

四、网络部分

[1]天津大学.研究生学术道德规范教育[EB/OL].http://glearning.tju.edu.cn/mod/forum/discuss.phd? d=16649.

[2]黄辛.世界大学学术排名500强公布[EB/OL].http://www.sciencenet.cn/html news /2008/8/210249.html.

[3][美]伯纳德·巴伯.科学与社会秩序:第五章 美国社会中科学的社会组织EB/OL].http://www.xiexingcun.com/ Academic/ kxyshzx/009.htm.

[4]庭审张曙光:觊觎院士头衔受贿 2300 万[EB/OL].http://money.163.com/13/0911/01/98F3RCTB00253B0H.html.

[5]中信所.2012 年度百篇最具影响国际学术论文信息[EB/OL]. http://bbs.netbig.com/thread-2614336-1-1.html.

[6]黄祺.张曙光案揭出院士评选黑幕[EB/OL].http://focus.news.163.com/13/0922/09/99C9TGMK00011SM9.html.

[7]周云.王正敏事件拷问院士评选机制[EB/OL]. http://edu.qq.com/a/20140109/014276.htm.

[8]南方周末.王宇澄与王正敏反目[EB/OL].http://hlj.sina.com.cn/edu/news/2013-11-14/134937007_3.html.

[9]林颖颖,徐妍斐.王正敏回应多项质疑"爱徒培养计划书"太荒唐[EB/OL].http://learning.sohu.com/20140104/n392941651.shtml.

[10]人民网.诚信在美国[EB/OL].http://paper.people.com.cn/scb/html/2006-04/07/content_1412530.htm.[11]Duck University Undergraduate Honor Cord[EB/OL].http://www.ILek.edu/web/honorCouneil.

[12]National Institutes of Health, Alcohol, Drug Abuse, and Mental Health Administration. Requirement for programs on the responsible conduct of research in national research service award institutional training programs[EB/OL]. http://grants.nih.gov/grants/guide/historical/1989_12_22_Vol_18_No_45.pdfs 1989-12-22.

[13]教育科学技术部. 确保学术伦理准则. [DB/OL].http://www.mest.go.kr/mekor/inform/info_data/research/1215776_10837.html,2007-2-8;2008-7-28.

[14]教育科学技术部.确立学术伦理劝告文[DB/OL].http://www.mest.go.kr/me_kor/inform/info_data/research/1218561_10837. html,2007-4-26.

五、外文文献

[1]Mitnick,B.M. The Political Economy of Regulation [M].New York: Columbia University Press,1980.

[2]Culliton.B J. Scientist confront misconduct [J].Science,1988(02).

[3]National Science Foundation: Misconduct in science and engineering: Final rule [J]. Federal Register 56,1991(05).

[4]Edward J. Kane, Regulation and Supervision: An Ethical Perspective[J]. NBER Working Paper, 2008(03).

[5]Mecdevitt, R. And J. Van Hise.Influences in Ethical Dilemmas of Increasing Intensity [J].Journal of Business Ethics ,2002(04).

[7]Steven Shavell, Law versus Morality as Regulation of Conduct, Forthcoming[J]. American Law and Economics Review.1998(01).

[8]Hagmann M. Scientific misconduct-Europe stresses prevention rather than cure [J]. Science, 1999(08).

[9]Nicholas H. Steneck, Ruth Ellen Bugler. The History, Purpose and Future of Instruction in the Responsible Conduct of Research [J]. Academic Medicine, 2007(09).

[9]Dewey, J. Democracy and Education[M].New York: Columbia University Press, 1916.

[10]Victoria S. Wike. Kant on Happiness in Ethics State [M]. London: SCM Press, 1994.

[11] Noddings. Happiness and Education [M]. San Francisco: Jossey Bass, 2003.

[12]Edgar Faure, International Commission on the Development of Education. Learning to be: the World of Education Today and Tomorrow [M].Boston: Houghton Mifflin Publisher, 1972.

[13]Dewey, J.Ethical principles underlying education[M].Carbondale: Southern Illinois University Press, 1972.

[14] N. H. Steneck. Fostering integrity in research: definitions, current knowledge and future directions [J]. Science and Engineering Ethics, 2006(12).

[15]James Q. Wilson. The academic ethic: I Partisanship, judgement and the academic ethic.[J].Minerva, 1984(2).

[16]Sara R. Jordan. Conceptual Clarification and the Task of Improving Research on Academic Ethics[J]. J Acad Ethics ,2013(11).

[17]Alasdair Macintyre. After Virtue: A Study In Moral Theory[M]. Notre Dame: University of Notre Dame Press, 1984.

[18]J.Angelo Corlett. The Role of Philosophy in Academic Ethics[J]. J Acad Ethics ,2014(12).

[19]Celia B. Fisher. Developing a code of ethics for academics [J]. Science and Engineering Ethics, 2003(09).

[20]Whelton-Fauth. A new approach to assessing ethical conduct in scientific work [J]. Accountability in research, 2003(10).

[21]Supreet Saini. Academic Ethics at the Undergraduate Level: Case Study from the Formative Years of the Institute[J]. Journal of Academic Ethics, 2013(11).

[22]M.S.Davis, M.L.Riske. Research Misconduct: an Inquiry Etiology and Stigma[R]. Final Report Presented to the Office of Research Integrity. Amherst. OH: Justice Research & Advocacy, Inc. 2002.

[23] John G.Bruhn. Value Dissonance and Ethics Failure in Academician Causal Connection? [J].Journal of academic Ethics, 2008(3).

[24] Law and Policy Report of the Association for Student Judicial Affairs (ASJA) [R]. Faculty Commitment to Academic Integrity, University of Maryland, 2003.